河南省山水林田湖草生态保护修复工程施工技术指南

黄河水利出版社

·郑州·

内 容 提 要

本指南共分 14 章。1~4 章规定了本指南的适用范围及施工程序、施工组织、施工设计等相关内容，5~14 章规定了山水林田湖草生态保护修复项目设计的各单项工程(地质灾害治理工程、矿山生态修复工程、土地整治及土壤修复工程、流域水环境保护治理工程、生态多样性保护修复工程、重要生态涵养带工程、湿地保护工程及监测工程)的施工技术要求，并对施工中的各项检测、试验、竣工需提交的资料等进行了规定。此外，附录中提供了竣工报告编写提纲、参考标准规范目录表、施工单位报验表、施工单位记录表、工程质量保证书等样板。

本书可供从事山水林田湖草生态保护修复工程施工管理技术人员及相关领域规划设计工作者学习参考。

图书在版编目(CIP)数据

河南省山水林田湖草生态保护修复工程施工技术指南/河南省地质环境监测院，河南省地质矿产勘查开发局第五地质勘查院编. —郑州:黄河水利出版社,2021.4
ISBN 978-7-5509-2963-0

Ⅰ.①河…　Ⅱ.①河…②河…　Ⅲ.①生态恢复-环境工程-工程施工-河南-指南　Ⅳ.①X171.4-62

中国版本图书馆 CIP 数据核字(2021)第 065567 号

组稿编辑:王路平　电话:0371-66022212　E-mail:hhslwlp@126.com
　　　　　田丽萍　　　　66025553　　　　　912810592@qq.com

出　版　社:黄河水利出版社　　　　　　　　　　网址:www.yrcp.com
　　　　地址:河南省郑州市顺河路黄委会综合楼 14 层　邮政编码:450003
发行单位:黄河水利出版社
　　　　发行部电话:0371-66026940、66020550、66028024、66022620(传真)
　　　　E-mail:hhslcbs@126.com
承印单位:河南瑞之光印刷股份有限公司
开本:787 mm×1 092 mm　1/16
印张:7.75
字数:180 千字
版次:2021 年 4 月第 1 版　　　　印次:2021 年 4 月第 1 次印刷
定价:60.00 元

前　言

　　构建山水林田湖草生命共同体,是践行习近平生态文明思想的重要举措,是落实习近平总书记"人的命脉在田、田的命脉在水、水的命脉在山、山的命脉在土、土的命脉在树和草"重要指示精神的具体体现。加快山水林田湖草生态保护修复,实现格局优化、系统稳定、功能提升,关系生态文明建设和美丽中国建设进程,关系国家生态安全和中华民族的永续发展。

　　为统一河南省山水林田湖草生态保护修复工程施工技术标准,规范河南省山水林田湖草生态保护修复工程施工工作,保证工程修复质量,特制定《河南省山水林田湖草生态保护修复工程施工技术指南》(以下简称《指南》)。

　　本《指南》共 14 章,规定了河南省山水林田湖草生态保护修复项目(矿山生态修复、土地综合整治、退化与污染土壤修复、流域水环境保护治理、生物多样性保护、重要生态涵养带工程及监测工程)的施工技术要求。

　　本《指南》由河南省自然资源厅组织审查通过。

　　本《指南》起草单位:河南省地质环境监测院

　　　　　　　　　　　河南省地质工程勘察院

　　　　　　　　　　　河南省地质矿产勘查开发局第五地质勘查院

　　本《指南》主要起草人员:王现国　王西平　张海娇　姚兰兰　吕志涛　朱中道

　　　　　　　　　　　　　狄艳松　王春晖　张大志　李五立　莫德国　刘海风

　　　　　　　　　　　　　李　扬　戚　赏　赵振杰　刘华平　吴继新　邢　会

　　　　　　　　　　　　　于松晖　王正礼　刘俞华　王晨旭　黄景春　徐郅杰

　　　　　　　　　　　　　郑　琳　郭玉娟　杨　博　任　笑　李　昕　朱　卉

　　　　　　　　　　　　　杨小双

目　录

1 总 则

1.1 为统一河南省南太行地区山水林田湖草生态保护修复工程施工技术标准,规范河南省山水林田湖草生态保护修复工程施工行为,保证工程修复质量,特制定《河南省山水林田湖草生态保护修复工程施工技术指南》(以下简称《指南》)。

1.2 本《指南》适用于河南省范围内由自然资源主管部门负责实施的山水林田湖草生态修复项目的施工工作。

1.3 以习近平生态文明思想和十九届四中全会精神为指导,牢固树立山水林田湖草是一个生命共同体的理念,制定河南省山水林田湖草生态环境保护修复工程施工标准。

1.4 河南省山水林田湖草生态保护修复工程施工应遵循以下原则:

1.4.1 自然恢复为主,人工修复为辅:尊重自然、顺应自然,遵循自然生态系统演替规律,充分发挥大自然的自我修复能力,避免对生态系统进行过多干预。

1.4.2 因地制宜:根据《河南省山水林田湖草生态保护修复工程设计导则》(简称《设计导则》)中针对不同生态环境片区设计的修复措施,结合河南省实际情况,制定符合地方特色及社会经济水平的施工工艺及施工标准。

1.4.3 绿色施工:生态环境保护修复工程施工中,在保证质量、安全等基本要求的前提下,通过科学管理和技术进步,最大限度地节约资源与减少对环境负面影响的施工活动,实现"四节一环保"(节能、节地、节水、节材和环境保护)。

1.5 修复工程承揽企业应具有相应等级的资质证书,配备持有相应的执业资格证书的专业技术人员,具有从事相关工程所应有的技术装备,以及符合法律、行政法规规定的其他要求。施工企业的年承包工程量,应与企业的施工能力、管理水平相适应。

1.6 修复工程施工质量应不低于《河南省山水林田湖草生态保护修复工程验收规程》中的合格标准。

1.7 修复工程施工应积极响应项目规划及设计书中有关工期的要求,结合冬雨季、地形地貌等具体特征,优化施工工序、科学合理施工,提前或准时提交工程。

1.8 河南省山水林田湖草生态保护修复工程施工除应符合本《指南》要求外,还应符合国家、相关行业和河南省现行的规范和标准的规定。

2　术语和定义

下列术语和定义适用于本《指南》。

2.1　山水林田湖草生态保护修复工程

按照山水林田湖草是生命共同体理念,依据国土空间总体规划以及国土空间生态保护修复等相关专项规划,在一定区域范围内,为提升生态系统自我恢复能力,增强生态系统稳定性,促进自然生态系统质量的整体改善和生态产品供应能力的全面增强,遵循自然生态系统演替规律和内在机制,对受损、退化、服务功能下降的生态系统进行整体保护、系统修复、综合治理的过程和活动。

2.2　自然恢复

自然恢复是指对轻度受损、恢复力强的生态系统,主要采取切断污染源、禁止不当放牧和过度猎捕、封山育林、保证生态流量等消除胁迫因子的方式,加强保护措施,促进生态系统自然恢复。

2.3　辅助再生

辅助再生亦称协助再生,是指充分利用生态系统的自我恢复能力,辅以人工促进措施,使退化、受损的生态系统逐步恢复,并进入良性循环的活动。

2.4　土地整治

为满足人类生产、生活和生态的功能需要,对未利用、不合理利用、损毁和退化的土地进行综合治理的活动。它是土地开发、土地整理、土地复垦、土地修复的统称。

2.4.1　土地整理

采用工程、生物等措施,对田、水、路、林、村进行综合整治,增加有效耕地面积,提高土地质量和利用效率,改善生产、生活条件和生态环境的活动。

2.4.2　土地复垦

采用工程、生物等措施,对在生产建设过程中因挖损、塌陷、压占造成破坏、废弃的土地和自然灾害造成破坏、废弃的土地进行整治,恢复利用的活动。

2.4.3　土壤修复

采用物理、化学或生物的方法转移、吸收、降解或转化场地土壤中的污染物,使其含量或浓度降低到可接受水平,满足相应土地利用类型的要求。

2.5　人工湿地

人工湿地是指用人工筑成水池或沟槽,底面铺设防渗漏隔水层,填充一定深度的土壤或基质层,种植芦苇一类的维管束植物或根系发达的水生植物,污水通过布水管渠进入湿地,与布满生物膜的介质表面和溶解氧进行充分的植物根区接触而获得净化。按照布水方式不同或水流方式的差异,分为表面流人工湿地和潜流人工湿地。潜流人工湿地又可分为水平潜流人工湿地和垂直潜流人工湿地,以及由二者构成的复合流人工湿地。

2.6 高标准基本农田

一定时期内,通过农村土地整治形成的集中连片、设施配套、高产稳产、生态良好、抗灾能力强,与现代农业生产和经营方式相适应的基本农田。包括经过整治后达到标准的原有基本农田和新划定的基本农田。

2.7 矿山生态修复工程

对因矿山开采形成的生态环境问题采取适当技术措施和工程手段,因地制宜地进行修复治理,使其达到安全、可再利用状态的治理活动或过程。

2.8 流域水环境保护治理工程

对河流流域内地貌形态、河道行洪能力、生物、水质等进行的保护治理措施。

2.9 生物多样性保护工程

对一定范围内多种多样活的有机体(动物、植物、微生物)有规律地结合所构成的稳定生态综合体进行的保护性工程的实施过程。

3　施工程序及辅助性关键工作

山水林田湖草生态保护修复工程施工程序包括:现场踏勘调查、熟悉理解设计图、施工准备、施工组织、工程施工、工程保修(养护)、施工资料提交等。为保证工程施工质量,施工期间应做好以下辅助性关键技术工作。

3.1　技术交底

3.1.1　设计交底

设计交底即设计图纸交底,指在业主(或其委托代理人)的主持下,设计单位向施工单位进行的技术交底,主要交代设计工程功能与特点、设计意图与要求、质量控制、工程在施工过程中应注意的事项等。设计单位对施工单位提出的问题进行解释答疑,并提出相应解决方案。

3.1.2　施工交底

由施工单位组织,在项目经理和技术负责人的指导下,向施工人员介绍工程特点、施工方法与措施、技术质量要求、施工中可能遇到的问题与注意事项等内容。

3.2　安全交底

修复工程施工前,施工单位负责项目管理的技术人员应当对有关安全施工的技术要求向施工作业班组、作业人员做详细说明,并由双方签字确认,记录存档。

3.3　工程测量

工程建设活动中测绘工作的统称。本《指南》所涉及的工程测量分为施工阶段的施工测量和竣工阶段的竣工测量。

3.3.1　施工测量

通过建立施工控制网、建筑物放样和施工期间的变形观测等手段,将图纸上设计的建筑物、构筑物的平面位置、形状和高程标定在施工现场的地面上,并在施工过程中指导施工与安装,使工程严格按照设计的要求进行建设。

3.3.2　竣工测量

为检查工程施工定位的质量,并为工程验收、管理及维护提供依据,在建筑物或构筑物部分或全部竣工时采用适宜的测量仪器对建筑物、交通线路、地下管线路及特种构筑物等工程的控制点坐标、高程信息进行采集,编制竣工总平面图。

3.4　施工自检及施工整改

3.4.1　为加强对施工过程的控制,确保工程质量,施工单位应定期或不定期对自身建设的工程进行独立、自主的全面检查,检查内容包括工程质量、进度、安全、环保等。

3.4.2　对于在自检中发现的问题,应按照以下程序进行整改:发现问题→问题调查、分析→制定整改措施→设计、施工→检查、验收。

3.4.3　制订的整改方案要具有针对性、可操作性。

3.4.4　自检中如发现施工质量问题,应停止有质量问题部位和其有关部位及下道工序的施工,需要时,还应采取适当的防护措施,同时要及时上报主管部门。之后,在问题调查基础上进行问题原因分析,制订事故处理方案,方案应体现:安全可靠、不留隐患,满足工程的功能和使用要求,技术可行,经济合理等原则。

4 施工组织设计

4.1 一般规定

4.1.1 施工单位在进行工程施工之前,必须编制满足工程施工与管理需要的施工组织设计。

4.1.2 施工组织设计应明确项目实施的组织结构,编制劳动力资源、机械设备和材料的使用计划,阐述质量、工期、安全和环保的各项保证措施。

4.1.3 施工组织设计须遵守现行有关法律法规、地方性法规,符合有关质量、进度、投资、安全、文明施工、环境保护等方面的要求;应推广应用新技术、新工艺、新材料、新设备,采用绿色施工技术,实现"四节一环保",使整个施工活动对生态环境的负面影响最小化。

4.1.4 施工组织设计中应制定技术交底制度、工程样板制度、旁站监理制度、工序控制制度、联合检查制度等质量保障措施,以确保工程施工质量不低于《河南省山水林田湖草生态保护修复工程验收规程》中的合格标准,保证工程验收一次合格,创优质工程。

4.1.5 施工组织设计中施工总进度计划图表及各施工节点月、旬施工作业计划等,应科学、合理,有序衔接。同时,应采取必要的组织措施、技术措施、经济措施等,保证工程总工期目标如期实现。

4.1.6 施工组织设计应遵循"安全第一,预防为主"的生产安全管理理念,制定本项目施工安全指标。培训施工人员树立正确的安全施工观念,完善各种安全设施制度,抓好施工现场安全管理,实现工程的安全管理目标。

4.2 编制依据

4.2.1 项目调查、勘查、设计成果材料。

4.2.2 现场施工环境条件与生态环境条件。

4.2.3 《河南省山水林田湖草生态保护修复工程验收规程》。

4.2.4 绿色施工的相关规范和要求。

4.2.5 有关工程施工的国家行业技术规范、法律法规等。

4.3 编制内容

4.3.1 工程基本情况:工程特征、工程划分、管理目标、绩效指标、编制依据。

4.3.2 施工总体部署:组织机构、职责分工、人员设备安排、施工准备。

4.3.3 施工的一般程序、施工方法、技术要求和质量控制。

4.3.4 工程施工测量、竣工测量、施工顺序及进度计划。

4.3.5 现场管理:重要工程、隐蔽工程或工序的管理措施等。

4.3.6 质量管理:质量管理的目标及方针、质量保证体系的内容及运行程序、质量控制和保证措施。

4.3.7 安全管理:安全生产管理目标、安全施工组织机构、安全管理制度、文明施工保证措施、安全专项资金及使用情况的保证措施、具体的安全技术措施、安全应急救援预案。

4.3.8 工期保证:工期目标、施工进度网络计划图、施工进度分阶段目标控制、建立施工进度动态管理机制。

4.3.9 环境管理:环境管理目标,环境管理机构、职责、制度,重要环境因素识别及对策、措施。

4.4 编制及审核规定

4.4.1 施工组织设计应由项目负责人主持编制,经施工单位技术负责人审核,并报总监理工程师审批后实施。

4.4.2 经修改或补充的施工组织设计文件应按审批权限重新履行审核、审批程序。

4.4.3 危险性较大的分部(分项)工程应编制专项施工方案,经施工单位技术负责人、总监理工程师签字后实施;对超过一定规模的危险性较大的分部(分项)工程专项施工方案,施工单位应组织专家进行论证。

5　地质灾害治理工程施工技术

5.1　一般规定

5.1.1　地质灾害治理工程施工,适用于自然因素引起的地质灾害、矿山开发引起的地质灾害以及其他人类工程活动引起的地质灾害修复治理工程施工。

5.1.2　地质灾害治理工程施工,应以地质灾害治理工程勘查成果、设计图纸及监测资料为基本依据,要取得施工场地周边工程地质、水文地质、气象水文等资料;要取得施工场地水、电材料和施工设备等的供应条件等基础性资料。

5.1.3　地质灾害应采取工程、生物、管理养护等多种措施进行综合治理,其防治应按照DZ/T 0219—2006 的相关要求进行。

5.1.4　地质灾害治理工程施工应积极采用和推广绿色施工技术、先进技术和先进工艺,实现节能、节地、节水、节材和环境保护。

5.1.5　地质灾害治理工程施工应遵守国家和行业的安全生产、劳动保护法律法规,保护地质环境,制定切实可行的安全制度和措施,保证施工安全。

5.1.6　地质灾害治理工程施工过程中应加强安全管理,并开展施工安全监测,及时掌握地质灾害体的稳定情况及变形特征,做好监测记录。当出现变形加剧等险情时,施工单位应会同相关单位查明险情原因,及时启动应急措施控制险情。

5.1.7　各类防治工程应按工程设计完成现场施工工程量,工程质量应符合设计及相关专业规范的要求,工程经过一个汛期(若有植树等生物工程要经过一年)的时间检验,其治理效果、工程质量应达到设计要求。各类地质灾害经治理后,应基本稳定,消除地质灾害隐患。

5.1.8　地质灾害治理工程施工除应符合本《指南》外,尚应符合国家现行有关规范和标准的规定。

5.2　滑坡防治工程

5.2.1　滑坡地质灾害(隐患)点宜采用排水工程、抗滑桩工程、锚索(杆)工程、格构锚固工程、抗滑挡墙工程、其他防护工程(削方减载工程、回填压脚工程、抗滑键工程)等措施进行综合防治。

5.2.2　已经发生的滑坡灾害点,宜采取清理、支挡、护坡、截排水等工程措施,消除地质灾害危害。

5.2.3　滑坡防治工程施工,应按照 DZ/T 0219—2006,T/CAGHP 038—2018 规范要求进行。

5.2.4　工程施工期间,应进行施工安全监测,对滑坡体进行实时监测。施工安全监测点应布置在滑坡体稳定性差或工程扰动大的部位,根据滑动阶段、气候条件实时调整监测方式,以便及时了解工程扰动等因素对滑坡体的影响,掌握滑坡体变形破坏特征,保证工程施工安全。

5.2.5　防治工程实施效果检验可采用钻孔倾斜仪了解滑坡体整体变形情况,以位移不超过±5 mm/15 m 及满足设计要求为准。

5.3　崩塌防治工程

5.3.1　崩塌地质灾害(隐患)宜采用清除危岩(土)体、柔性防护网、锚固、灌浆、支撑、支挡、截排水等工程措施进行边坡加固,消除崩塌隐患。

5.3.2　清除危岩(土)体前,应制订危岩清除专项施工方案,宜根据现场条件及安全、工期等因素,选择人工、机械或爆破等适宜的清除方案。

5.3.3　清除坡率应按照设计坡率进行,避免超挖或欠挖。清除工作应根据现场条件有序进行,严格执行先上后下、先高后低、均匀减重、分段实施的原则。

5.3.4　清除施工应保证弃土、弃石等不造成次生灾害;当有危及下方过往车辆与行人、建(构)筑物等安全隐患时,应采取防护、警示、警戒等措施,确保施工安全。

5.3.5　崩塌防治工程施工,应按照 T/CAGHP 041—2018、DZ/T 0219—2006 的规范要求进行。

5.3.6　防治工程施工过程中,应做好施工监测与安全巡视,坡体出现异常变形迹象时应立即暂停施工,人员和机械撤至安全地点,及时反馈信息至相关方进行处理。

5.3.7　防治工程施工期间,施工单位应按相关技术标准做好质量控制。每道工序完成后,应进行相应的自检和验收,监理工程师参加验收,并做好隐蔽工程记录。不合格时,不允许进入下一道工序施工。重要的中间工程和隐蔽工程检查应与建设单位代表、监理工程师、设计单位代表及施工方共同参加。

5.3.8　崩塌防治工程质量应符合设计及相关专业规范的要求。经治理后,破碎危岩体得以清除,基岩稳定性符合设计要求,消除危岩(土)体隐患。

5.4　泥石流防治工程

5.4.1　泥石流防治包括泥石流预防(避让、监测、预警预报)和工程治理两个方面。

5.4.2　泥石流预防预警参照 DZ/T 0221—2006、T/CAGHP 070—2019 及 T/CAGHP 064—2019 执行。

5.4.3　泥石流治理工程有拦挡工程、排导工程、固源工程、停淤积工程等,工程建设执行 T/CAGHP 061—2016 规范要求。

5.4.4　治理工程施工期间,应加强泥石流监测、预警预报工作,确保施工安全,保护人民群众生命财产安全。

5.5　地面沉降防治工程

5.5.1　地面沉降防治工程包括监测设施施工和防治设施施工。监测设施包括基岩标、分层标、水准点、卫星定位系统监测点、SAR 角反射器等观测标志和地下水监测井、孔隙水压力监测孔等观测设施。防治设施包括地下水回灌井管井设施及注浆回灌等工程设施。

5.5.2　监测设施施工参照本《指南》13.10 节中相关规定执行。设施质量应满足设计要求,满足完成相应监测任务的目的。

5.5.3 地面沉降防治工程施工,应按照 DZ/T 0283—2015 和 T/CAGHP 058—2019 的规范要求进行。经治理后,地面沉降趋势得以控制,沉降速率满足设计及相关标准规定,地面沉降带来的危害基本消除。

5.6 地面塌陷及地裂缝防治工程

5.6.1 地面塌陷防治工程包括地面注浆(骨料)充填、开挖回填、干(浆)砌支撑、桩基穿(跨)越、巷道加固等工程措施。地面塌陷防治工程范围应包括塌陷发生区域及潜在的塌陷区域。

5.6.2 溶洞、土洞埋藏较深时,可采用灌浆充填,通过钻孔灌注水泥砂浆充填洞体,或采用桩、梁、板穿(跨)越。

5.6.3 对于较浅的塌坑或埋藏较浅的土洞,可采用开挖回填清除塌坑或土洞中的松软土,回填块石、碎石反滤层,其上覆盖黏土并夯实。

5.6.4 对地表水径流可能引起的塌陷,应对地表水采取相应的分流、疏导、截流、防渗、堵漏等措施。

5.6.5 对地下水抽排可能引起的塌陷,可人工回灌恢复地下水位,停止抽排。

5.6.6 当塌陷坑已稳定且不采用封闭措施时,应在塌陷坑周边设置防护栏。

5.6.7 地面塌陷防治工程应符合 T/CAGHP 059—2019、《河南省矿山地质环境恢复治理工程勘查、设计、施工技术要求(试行)》的相关规定。

6 矿山生态修复工程

6.1 一般规定

6.1.1 适应当地情况,注重科学,尊重自然规律,注重环境保护和生态功能,以自然修复为主、工程修复为辅,将保护工程的修复痕迹与周围环境融为一体,科学采取相应的生态修复技术措施,利用人工促进自然修复。

6.1.2 矿山生态修复工程施工前,必须具备详细的勘查和施工图文件。施工前应进行现场踏勘,收集水文气象等相关资料,了解现场施工条件,熟悉施工图纸。

6.1.3 地形地貌景观修复治理应与周围自然景观相协调,应尽量恢复为原地形地貌,地貌景观恢复治理工程的施工按设计要求考虑对周边环境的影响,做到美化环境,体现生态保护要求。

6.1.4 矿山生态环境经修复治理后,应达到以下要求:

6.1.4.1 对露天采矿及矿渣堆放形成的边坡、断面进行整修、加固并实施绿化,无滑坡、崩塌、泥石流灾害等安全隐患,露采坑底进行整平利用。地下采空区已采取充填、封闭或人工放顶等措施,使其达到安全稳定状态。

6.1.4.2 矿山固体废弃物堆场经综合治理或综合利用,已达稳定状态,含有毒、有害或放射性成分的固体废弃物已采取相应处理措施。

6.1.4.3 含水层保护工程应阻隔地表水入渗,消除地下水的污染扩展,污染地下水水质情况得到明显改善或水质功能恢复。

6.1.4.4 生态环境和景观环境与周围环境相协调,基本消除了视觉污染。

6.2 通用工程

6.2.1 爆破工程

6.2.1.1 一般要求

1. 爆破作业必须由具有相应资质的施工单位承担,并由经过专业培训、取得爆破证书的专业人员施爆。

2. 爆破工程应满足 GB 50201—2014 等现行有关标准的规定。

3. 爆破方案经专家评审选定后,应视其对有影响的建(构)筑物的重要程度,分别报送当地公安部门、建(构)筑物行业主管部门、项目承担单位主管部门及监理工程师审批。

4. 建立工程应急预案,制订关于生产安全事故发生时进行紧急救援的组织、程序、措施、责任以及协调等方面的方案和计划,在爆破危险区的边界设立警戒哨和警告标志。将爆破信号的意义、警告标志和起爆时间,通知当地单位和居民,起爆前督促人畜撤离危险区。

5. 露采矿山削坡降坡爆破法一般采用松动爆破结合光面爆破及预裂爆破施工工艺。爆破工程使用的炸药、雷管、导爆管、导爆索、电线、起爆器、量测仪表均应做现场检测,检测合格后方可使用。

6.2.1.2　技术要求

1.岩石边坡的削坡降坡应充分重视挖方边坡的稳定,一般宜选用中小炮爆破。对于风化较严重、节理发育或岩层产状对边坡稳定不利的石方,宜用小排炮微差爆破。小型排炮药室距设计坡线的水平距离,应不大于炮孔间距的1/2。

2.开挖边坡外有必须保护的重要建筑物,当采用减弱松动爆破都无法保证建筑物安全时,可采用人工开凿、化学爆破或控制爆破。

3.在石方开挖区应注意施工排水,应在纵向和横向形成坡面开挖面,其纵坡应满足排水要求,以确保爆破的石料不受积水的浸泡。

4.爆破影响区有建(构)筑物时,爆破产生的地面质点震动速度,对土坯房、毛石房屋,不应大于 10 mm/s;对一般砖房、非大型砌块建筑,不应大于 20~30 mm/s;对钢筋混凝土结构房屋,不应大于 50 mm/s。

5.为保证边坡的永久稳定及爆破施工的顺利进行,可根据工程施工和边坡安全稳定需要设置爆破作业平台,平台宽度和相邻平台高度可根据岩石类型、施工机械种类确定,一般宽度为 4~6 m,相邻平台间的高度一般不大于 10 m,并以确保边坡稳定为前提。

6.爆破参数的选择应结合相关的技术要求及钻孔直径、孔距、装药量、岩石的物理力学性质、地质构造、装药品种、装药结构以及施工因素等,根据完成的工程实际经验资料(经验类比法)或通过实地的现场试验确定。

6.2.2　土方工程

6.2.2.1　一般规定

1.施工前应编制土方工程施工方案,进行开挖、回填的平衡计算,做好土方调配,减少重复挖运。

2.土方开挖前应做好地下水控制和排水系统建设。地下水位宜保持低于开挖作业面和基坑(槽)地面 0.5 m,地面排水沟方向的坡度不应少于 2‰。

3.土方开挖前应检查定位放线、排水和降低地下水位系统,合理安排土方运输车的行走路线及弃土场。

4.土方工程施工时,应防止超挖、铺填超厚。采用机械施工时,大型机械无法施工的边坡修整和场地边角、小型沟槽的开挖或回填等,可采用人工或小型机具配合进行。

5.施工中应经常测量和校核其平面位置、水平标高和场地坡度等是否符合设计要求。平面控制桩和水准点也应定期复测和检查是否正确。

6.2.2.2　施工工艺要求

1.施工区域内做好降排水工作,土方作业应处于干作业状态。

2.土方开挖应从上至下分层依次进行,自然放坡时随时注意控制边坡坡度符合 GB 50201—2014 中表4.4.1的相关规定。当开挖的过程中,发现土质弱于设计要求,需修改边坡坡度或采取加固措施时,应暂停施工,并通知设计单位确定。

3.不具备自然放坡条件的土方开挖,应根据具体情况采用支护措施。土方施工应按设计方案要求分层开挖,严禁超挖,且上一层支护结构施工完成,强度达到设计要求后,再进行下一层土方开挖,并对支护结构进行保护。

4.土方回填时,基底应满足设计要求或相关的标准规定。

5. 土方回填时,应先低处后高处,逐层填筑。每层填筑厚度及压实遍数应根据土质、压实系数及所用机具确定。一般平碾的分层厚度为 250~300 mm,压实 6~8 遍;振动压实机的分层厚度为 250~350 mm,压实 3~4 遍;柴油打夯机的分层厚度为 200~250 mm,压实 3~4 遍;人工打夯分层厚度<200 mm,压实 3~4 遍。

6. 土方回填应填筑压实,且压实系数应满足设计要求。当采用分层回填时,应在下层的压实系数经试验合格后,才能进行上层施工。

7. 填方施工结束后,应检查标高、边坡坡度、压实程度等是否满足设计要求。

6.2.2.3　施工安全要求

1. 基坑、管沟边沿及边坡等危险地段施工时,应设置安全护栏和明显警示标志。夜间施工时,现场照明条件应满足施工需要。冬雨季施工按照 GB 50201—2014 中的相关规定执行。

2. 施工过程中设置监测系统,并定期检查平面位置、水平标高、边坡坡度、排水系统等,随时观测基坑边坡、支护结构及周围建(构)筑物的变形情况,出现险情,应暂停施工,组织人员及设备撤至安全地带。

6.2.3　边坡防护工程

矿山地质环境恢复治理边坡防护工程主要有砌石护坡、喷浆护坡、植物护坡、格状框条护坡等。

6.2.3.1　砌石护坡

砌石护坡一般由面层和起反滤层作用的垫层组成。浆砌块石护坡工程原坡面如为砂、砾、卵石,可不设垫层。

1. 干砌石护坡。

(1)干砌石护坡施工的工艺流程为:碎石装袋封口→测量放线→袋装碎石铺设→压实拍平→铺设相邻袋装碎石→砌筑面准备→测量放线→块石砌筑。

(2)碎石袋不宜太大,如编织袋较大,则不宜装入太多碎石,以免横向放置时厚度超过设计要求。袋装后在搬运、铺设过程中应轻抬慢放,以免破损洒落。

(3)测量放线时,应放出铺设袋装碎石的底平台边线、坡脚线、坡顶线及高程,并拉设控制线绳。

(4)铺设袋装碎石时,应自坡脚至坡顶逐层铺设,相邻两排袋装碎石铺设应错缝布置,防止出现通缝。每只袋装碎石铺设后沿边坡拍平至设计厚度,之后再进行相邻袋装碎石铺设。

(5)干砌石料时,先应备好石料。由坡脚向坡顶逐层向上修砌,每层先用比较规整的较大块石进行堆砌。砌筑时,块石摆放要平稳,大面向下为底,大面朝上为面,相邻石料间互相交错、咬搭,每层块石摆放完成后均应呈锯齿状,不得出现水平和纵向通缝。

(6)压顶的块石应规整,且具有较大尺寸。

2. 浆砌石护坡。

(1)浆砌石护坡施工的工艺流程为:碎石装袋封口→测量放线→袋装碎石铺设→压实拍平→铺设相邻袋装碎石→砌筑面准备→测量放线→块石砌筑→养护。

(2)浆砌石护坡中垫层的施工要求同干砌石护坡,面层铺砌厚度为 25~35 cm。

(3)要求料石厚度不小于 30 cm,砌筑用砂浆的流动性、保水性、强度及黏结力应符合设计要求。

(4)砌筑时应做到"平、稳、紧、满"(砌石顶部要平,每层铺砌要稳,相邻石料要靠紧,缝间砂浆要灌饱满)。

(5)根据设计尺寸,从下向上分层垒砌,块石应首尾相接,错缝砌筑,大石压顶。

(6)长度较大的浆砌石护坡,应沿纵向每隔 10~15 m 设置一道宽约 2 cm 的伸缩缝,并用沥青马筋或沥青木条填塞。

(7)护坡的中下部应设置泄水孔。泄水孔可用 100 mm×100 mm 的矩形孔或直径为 100 mm 的圆形孔,其间距为 2~3 m。泄水孔后 0.50 m 的范围内应设置反滤层。

6.2.3.2　喷浆护坡

1.喷浆护坡的施工工艺流程为:边坡清理→搭设脚手架→固定锚杆(索)施工→钢筋网安装→喷射种植混合基材→铺设无纺布→拆除脚手架→养护。

2.根据边坡实际情况,可采用人工或挖掘机对边坡进行修正,清除边坡上松动的岩石、浮土等。

3.脚手架搭设应随坡度而设,其施工参照相关标准执行。

4.锚杆施工见本《指南》6.2.7 节。

5.钢筋网铺设应根据作业面层分层、分段进行,网片之间的连接可采用搭接,搭接长度不宜小于一个网格边长且不小于 200 mm,或采用点焊,并随坡面随坡就势铺设。

6.将植被混凝土原料经搅拌后由常规喷锚设备喷射到岩石坡面上。喷射应自下而上逐排做圆形扰动,喷枪嘴宜与坡面保持 1 m 左右的距离,喷枪应垂直于坡面喷射。凹凸处及死角要补喷。喷射完毕后,覆盖一层无纺布防晒保墒,使植被混凝土形成具有一定强度的防护层,然后进行洒水养护,青草覆盖坡面后揭去无纺布,青草自然生长。

7.适宜施工季节为春秋两季。

6.2.3.3　植物护坡

1.种草护坡一般采用直接播种法,详见本《指南》8.2.4.2 节。

2.造林护坡参见本《指南》8.2.4.1 节实施。

6.2.3.4　格状框条护坡

1.一般规定。

(1)在坡度小于 1:1、高度小于 4 m、坡面有渗水的坡段,可采用砌石草皮护坡。可选择两种形式:坡面下部 1/2~2/3 采取浆砌石护坡,上部采取草皮护坡;或在坡面上每隔 3 m 修一条宽 30 cm 的砌石条带,条带间的坡面种植草皮。

(2)在路旁或人口聚居地附近的土质或砂土质坡面,可采用格状框条护坡。浆砌石或混凝土做网格的格状框条。网格尺寸一般为 2.0 m 见方,框条宽 30 cm,框条交叉点用锚杆固定,或加深埋横向框条固定;网格内种植草皮。

2.技术要求。

(1)砌筑片石骨架前,应按设计要求在每条骨架的起讫点放控制桩,挂线放样,然后开挖骨架沟槽,其尺寸根据骨架尺寸而定。

(2)按设计要求平整坡面,清除坡面危石、松土,填补坑凹,并保证坡面密实,无表层溜滑体和蠕滑体等不稳定地质体。

（3）浆砌块石格构应嵌置于边坡中，嵌置深度大于截面高度的2/3，表面与坡面齐平，其底部、顶部和两端均应做镶边加固，并按设计修筑养护阶梯。

（4）骨架的断面形式宜为L形，用以分流坡面径流水。骨架与边坡水平线成45°，左右互相垂直铺设。

（5）格构可采用毛石或条石，但毛石最小厚度应大于150 mm，条石以300 mm×300 mm×900 mm为宜，强度为MU30；用水泥砂浆浆砌，砂浆强度为M7.5~M10。

（6）砌筑骨架时应先砌筑骨架衔接处，再砌筑其他部分骨架，两骨架衔接处应处在同一高度。施工时应自下而上逐条砌筑骨架，骨架应与边坡密贴，骨架流水面应与后续回填土种植草皮表面平顺。

（7）在骨架底部与顶部及两侧范围内，应用M7.5~M10水泥砂浆砌片石镶边加固。

（8）每隔10~20 m宽度设置变形缝，缝宽20~30 mm，填塞沥青麻筋或沥青木板。

6.2.4 排水工程

6.2.4.1 排水沟的施工工艺流程为：定位测量放线→沟槽开挖→基底处理、底板侧壁砌筑→抹面。

6.2.4.2 施工前，首先应按设计要求选定位置，确定轴线。然后按图纸尺寸、高程量定开挖基础范围，准确放出基脚大样尺寸，进行土方开挖与沟体砌（浇）筑。宜根据土质结构进行放坡。

6.2.4.3 沟槽土方开挖参照本《指南》6.2.2节的相关规定执行。开挖土方基坑时，应留够稳定边坡，以防滑塌。对淤泥质土、软黏土、淤泥等松软土层，应尽量挖除，重大的落差跌水、陡坡地基，还应夯压加固处理。

6.2.4.4 开挖出的沟基，若地基承载力达不到设计要求，应进行地基加固处理，参照相关规范规定执行。

6.2.4.5 排水沟底板和边墙砌筑为人工操作，质量不易均匀。砌筑工艺总的要求是：平（砌筑层面大体平整）、稳（块石大面向下，安放稳实）、紧（块石间应紧靠）、满（石缝要用砂浆填满捣实，不留空隙）。

6.2.4.6 砌片石或砖时，应注意纵、横缝相互错开，每层原横缝厚度保持均匀，未凝固的砌层，避免震动。需勾缝的砌石面，在砂浆初凝后，应将从勾缝抠深30 mm，清净湿润，然后填浆勾阴缝。

6.2.4.7 设计无防水要求时，抹面一般采用不少于两层的水泥砂浆。第一道砂浆抹成后，用杠尺刮平，并将表面划出纹道，完成后间隔48 h，进行第二道抹面。抹灰总厚度宜为20~30 mm。抹面用水泥砂浆强度等级应符合设计规定，稠度满足施工需要。

6.2.4.8 抹面完成后，应进行不少于7 d的保湿养护。

6.2.5 混凝土工程

6.2.5.1 一般要求

1. 混凝土的制备、运输、浇筑、养护等施工工序应符合GB 50666—2011技术要求，混凝土施工质量应满足GB 50204—2015及GB 50107—2010的有关规定。

2. 混凝土运输、浇筑过程中严禁加水；混凝土运输、浇筑过程中散落的混凝土严禁用于结构浇筑。

3. 为确保施工质量,在浇筑混凝土前,应清除模板内或垫层上的杂物。表面干燥的地基、垫层、模板上应洒水湿润,现场环境温度高于35 ℃时宜对金属模板进行洒水降温,洒水后不得留有积水。

4. 混凝土宜采用强制式搅拌机搅拌,并应搅拌均匀。混凝土搅拌的最短时间应符合GB 50666—2011。当能保证搅拌均匀时可适当缩短搅拌时间。

6.2.5.2 技术要求

1. 混凝土浇筑应保证混凝土的均匀性和密实性。混凝土宜一次连续浇筑;当不能一次连续浇筑时,可留设施工缝或后浇带分块浇筑。混凝土浇筑过程应分层进行,上层混凝土应在下层混凝土初凝之前浇筑完毕。

2. 混凝土振捣应能使模板内各个部位混凝土密实、均匀,不应漏振、欠振、过振。混凝土振捣应采用插入式振动棒、平板振动器或附着振动器,必要时可采用人工辅助振捣。

3. 混凝土浇筑后,在混凝土初凝前和终凝前宜分别对混凝土裸露表面进行抹面处理,及时进行保湿养护,保湿养护可采用洒水、覆盖、喷涂养护剂等方式。选择养护方式应考虑现场条件、环境温湿度、构件特点、技术要求、施工操作等因素。

4. 施工缝和后浇带的留设位置应在混凝土浇筑之前确定。施工缝和后浇带宜留设在结构受剪力较小且便于施工的位置。受力复杂的结构构件或有防水抗渗要求的结构构件,施工缝留设位置应经设计单位认可。

5. 当室外日平均气温连续5 d稳定低于5 ℃时,应采取冬期施工措施;当混凝土未达到受冻临界强度而气温骤降至0 ℃以下时,应按冬期施工的要求采取应急防护措施;混凝土冬期施工应按现行行业标准《建筑工程冬期施工规程》(JGJ/T 104—2011)的有关规定进行热工计算。当日平均气温达到30 ℃及以上时,应按高温施工要求采取措施;雨季和降雨期间,应按雨期施工要求采取措施。

6.2.6 挡土墙施工

6.2.6.1 一般要求

1. 应按照设计规定的挡土墙基础的各部尺寸、形状以及埋置深度进行基础施工。基坑的开挖尺寸应满足基础施工的要求,基坑底的平面尺寸宜大于基础外缘0.50~1.00 m。渗水基坑还应考虑排水设施(包括排水沟、集水坑等)、网管和基础模板等所需增加的面积。

2. 基础开挖后,若基底土质与设计情况有出入,应记录和取样实际情况,及时提请变更设计。在松散软弱土质地段,基坑不宜全墙段连通开挖,而应采用跳槽开挖。

3. 基础可采用垂直开挖、放坡开挖、支撑加固或其他加固开挖方法。地面水淹没的基础,可采用修筑围堰、改河、改沟、筑坝等措施,排开地面水后再开挖。

4. 挡土墙基础为倾斜基底及墙趾设台阶时,应严格按照基底坡度、基底标高及台阶宽度开挖,保持地基土的天然结构。挡土墙基础置于风化岩上时,应按基础尺寸凿除风化严重的表面岩层,在砌筑基础的同时,将基坑填满、封闭。

5. 当地基岩层有孔洞、裂缝时,应视裂缝的张开度,分别用水泥砂浆或用小石子混凝土或用水泥—水玻璃或其他双液型浆液等浇筑饱满。基底岩层有外露软弱夹层时,宜在墙趾前对软弱夹层做封面保护。

6. 砂浆的配合比可按照 JGJ/T 98—2010 的规定,通过试验确定。应保证砂浆配比称量准确。搅拌时,颜色必须均匀一致,用料较多时,宜用机械搅拌,时间不少于 2.50 min。砂浆宜随拌随用,保持适当稠度,宜在 3~4 h 内用完;气温超过 30 ℃时,宜在 2~3 h 内用完。若在运输过程中发生离析、泌水现象,应重新拌和,已凝结的砂浆禁止使用。

6.2.6.2 技术要求

1. 基坑开挖完成后,应根据基底纵轴线结合横断面放线复验合格后,方可进行基础施工。基础施工完成后,应立即对基坑回填,采用小型压实机械进行分层夯实,并在回填土表面设 3%的向外斜坡,防止积水渗入基底。

2. 施工时,应按照设计要求正确布置预埋管道、预埋件、泄水孔(管)及沟槽等预埋构件。浆砌片石挡土墙施工时,片石应分层砌筑,宜以 2~3 层组成一工作层,每一工作层的水平缝大致找平,竖缝应错开,不应贯通。应按设计规定设置完善的排水系统,并应采取措施疏干墙背填料中的水分,防止墙后积水,避免墙身承受额外的静水压力,减少季节性冰冻地区填料的冻胀压力。挡土墙后的地面,施工时应先做好排水处理,设置排水沟引排地面水,夯实地表松土,减少雨水和地面水下渗。墙趾前的边沟应予铺砌加固。

3. 砌筑挡土墙时,应两面立杆挂线或样板挂线。外面线应顺直整齐,逐层收坡;内面线可大致顺直。应保证砌体各部尺寸符合设计要求,砌筑中应经常校正线杆,避免误差。

4. 墙身如采用浆砌石料或现浇混凝土,可在施工中留出泄水孔或埋置泄水管;当为预制面板时,应按面板排列位置,在预制过程中预留孔位。

5. 墙背填料为渗水土时,为防止堵塞,应按设计要求在泄水孔进水端设置砂砾反滤层,并在最下一排泄水孔的下端设置隔水层,防止水分渗入基础;当墙后水量较大时,可在排水层底部加设纵向渗沟,配合排水层把水导出墙外。如遇有泉水、渗水等地段,应设纵、横向暗沟,将水引出。反滤层的粒径宜在 0.50~50 mm,符合级配要求,并筛选干净,可按各层厚度用薄隔板隔开,自下而上逐层填筑,逐步抽出隔板。

6. 施工时应根据设计图的分段长度,结合墙趾实际地形、水文、地质变化情况,设置沉降缝和伸缩缝。沉降缝和伸缩缝可合并设置。沉降缝、伸缩缝的缝宽应整齐一致,上下贯通。当墙身为圬工砌体时,缝的两侧应选用平整石料砌筑,形成竖直通缝。当墙身为现浇混凝土时,应待前一节段的侧模拆除后,安装沉降缝、伸缩缝的填塞材料。

7. 沉降缝、伸缩缝的缝宽宜为 20~30 mm,沿墙的内、外、顶三边缝内,用沥青麻絮、沥青竹绒、涂有沥青的木板或刨花板、塑料泡沫、渗滤土工织物等具有弹性的材料填塞,自墙顶一直做到基底,填入深度不宜小于 0.15 m。在渗水量大、填料易于流失或冻害严重地区,应适当加深。

8. 桩板式挡土墙、肋柱式锚杆挡土墙可不在墙面上设置沉降缝、伸缩缝,其施工时,挡土板端面间的间隙进行填缝处理。

9. 测定砂浆强度时,应制作尺寸为 70.7 mm×70.7 mm×70.7 mm 的试件,在标准养护条件下(温度 20±3 ℃,相对湿度 60%~80%),取其 28 d 的抗压强度(单位为 MPa)。

10. 砌体表面浆缝应留出 10~20 mm 深的缝槽,以做砂浆勾缝。勾缝砂浆的强度等级应比砌体砂浆强度等级提高一级,砌体隐蔽面的砌缝,可随砌随刮平,不另勾缝。

11. 悬臂式和扶壁式挡土墙的混凝土应先浇底板(趾板及踵板)再浇筑立壁(或扶壁),当底板强度达到 2.50 MPa 后,应及时浇筑立壁(或扶壁),减少收缩差。接缝处的底板面上,宜做成凹凸不平的糙面,以增强黏结性,并应按施工缝处理。

12. 浇筑立壁混凝土及扶壁混凝土时,应严格控制水平分层。浇筑扶壁斜面时,应从低处开始,逐层升高,与立壁保持相同水平分层。墙体混凝土的浇筑长度,宜控制在 15.00 m 左右,或按挡土墙的设计分段长度作为一个浇筑节段。浇筑工作不能间断,应一次浇完,并应在前层所浇混凝土初凝之前,即将第二层混凝土浇筑完毕。若混凝土浇筑的间歇时间已超过前层混凝土初凝时间或重塑的时间,则应停止浇筑,需等前层混凝土达到一定强度,按施工缝进行处理后,方可继续浇筑。

13. 混凝土浇筑完毕后,在炎热和有风的天气,应立即覆盖,并在 2~3 h 后开始浇水湿润。

14. 混凝土养护在潮湿气候条件下,空气相对湿度大于 60% 时,使用普通水泥或硅酸盐水泥,湿润养护时间不少于 7 d,使用火山灰水泥或矿渣水泥,不少于 14 d;在比较干燥气候条件下,相对湿度低于 60% 时,使用上述两种类型水泥,湿润养护时间应分别不少于 14 d 和 21 d。

6.2.7 锚杆施工

6.2.7.1 一般要求

1. 应掌握锚杆施工区建(构)筑物基础、地下管线等情况,判断锚杆施工对邻近建(构)筑物和地下管线的不良影响,并拟定相应预防措施。

2. 应检验锚杆的制作工艺和张拉锁定方法与设备。

3. 应确定锚杆注浆工艺并标定注浆设备。

4. 应检查原材料的品种、质量和规格型号,以及相应的检验报告。

6.2.7.2 技术要求

1. 钻孔机械应考虑钻孔通过的岩土类型、成孔条件、锚固类型、锚杆长度、施工现场环境、地形条件、经济性和施工速度等因素进行选择。可用凿岩机或轻型钻机造孔,孔径由设计确定。

2. 锚杆(管)杆体在入孔前应清洗孔,除锈、除油,平直,每隔 1.00~2.00 m 应设对中支架。

3. 砂浆配合比宜为灰砂比 1:1~1:2,水灰比 0.38~0.45。砂浆强度不应低于 M25。

4. 压力注浆应加止浆环,注浆后应将注浆管拔出。

6.2.7.3 锚孔施工要求

1. 锚孔定位偏差不宜大于 20 mm。

2. 锚孔偏斜度不应大于 5%。

3. 钻孔深度超过锚杆设计长度应不小于 0.50 m。

6.2.7.4 预应力锚杆锚头承压板安装要求

1. 承压板应安装平整、牢固,承压面应与锚孔轴线垂直。

2. 承压板底部的混凝土应填充密实,并满足局部抗压要求。

6.2.7.5 锚杆的灌浆要求

1. 灌浆前应清孔,排放孔内积水。

2. 注浆管宜与锚杆同时放入孔内,注浆管端头到孔底距离宜为300~500 mm。

3. 浆体强度检验用试块的数量每30根锚杆应不少于一组,每组试块应不少于6个。

4. 根据工程条件和设计要求确定灌浆压力,应确保浆体灌注密实。

6.2.7.6 预应力锚杆的张拉与锁定要求

1. 锚杆张拉宜在锚固体强度大于20 MPa并达到设计强度的80%后进行。

2. 锚杆张拉顺序应避免相近锚杆相互影响。

3. 锚杆张拉控制应力不宜超过0.65倍钢筋或钢绞线的强度标准值。

4. 宜进行超过锚杆设计预应力值1.05~1.10倍的超张拉试验,预应力保留值应满足设计要求。

6.2.8 抗滑桩工程施工

6.2.8.1 一般要求

1. 抗滑桩应严格按设计图施工。应将开挖过程视为对滑坡进行再勘查的过程,及时进行地质编录,以利于反馈设计。

2. 抗滑桩施工包含以下工序:施工准备、测量放线、桩孔开挖、地下水处理、护壁、钢筋笼制作与安装、混凝土灌注、混凝土养护等。

6.2.8.2 施工准备要求

1. 按工程要求进行备料,选用材料的型号、规格符合设计要求,有产品合格证和质检单。

2. 钢筋应专门建库堆放,避免污染和锈蚀。

3. 使用普通硅酸盐水泥。

6.2.8.3 人工开挖桩孔要求

1. 开挖前应平整孔口,并做好施工区的地表截水、排水及防渗工作。雨季施工时,孔口应加筑适当高度的围堰。

2. 采用间隔方式开挖,每次间隔1~2孔,按由浅至深、由两侧向中间的顺序施工。

3. 松散层段原则上以人工开挖为主,孔口做锁口处理,桩身做护壁处理。基岩或坚硬孤石段可采用少药量、多炮眼的松动爆破方式,但每次剥离厚度不宜大于30 cm。开挖基本成型后再人工刻凿孔壁至设计尺寸。

4. 根据岩土体的自稳性、可能日生产进度和模板高度,经过计算确定一次最大开挖深度。一般自稳性较好的可塑—硬塑状黏性土、稍密以上的碎块石土或基岩中为1.0~1.2 m;软弱的黏性土或松散的、易垮塌的碎石层为0.5~0.6 m;垮塌严重段宜先注浆后开挖。

5. 每开挖一段应及时进行岩性编录,仔细核对滑面(带)情况,综合分析研究。如实际情况与设计有较大出入,应将发现的异常及时向建设单位和设计人员报告,及时变更设计。实挖桩底高程应会同设计、勘查等单位现场确定。

6. 弃渣可用卷扬机吊起,吊斗的活门应有双套防开保险装置,吊出后应立即运走,不得堆放在滑坡体上,防止诱发次生灾害。

6.2.8.4 桩孔开挖过程中应及时排除孔内积水。当滑体的富水性较差时,可采用坑内直接排水;当富水性好,水量很大时,宜采用桩孔外管泵降排水。

6.2.8.5 桩孔开挖过程中应及时进行钢筋混凝土护壁,宜采用 C20 混凝土。护壁的单次高度根据一次最大开挖深度确定,一般为 1.0~1.5 m。护壁厚度应满足设计要求,一般为 100~200 mm,应与围岩接触良好。护壁后的桩孔应保持垂直、光滑。

6.2.8.6 钢筋笼的制作与安装要求

1. 钢筋笼尽量在孔外预制成型,在孔内吊放竖筋并安装,孔内制作钢筋笼应考虑焊接时的通风排烟。

2. 竖筋的接头采用双面搭接焊、对焊或冷挤压,接头点需错开,竖筋的搭接处不得放在土石分界和滑动面(带)处。

3. 孔内渗水量过大时,应采取强行排水、降低地下水位的措施。

6.2.8.7 桩芯混凝土灌注要求

1. 待灌注的桩孔应经检查合格。

2. 所准备的材料应满足单桩连续灌注。

3. 当孔底积水厚度小于 100 mm 时,可采用干法灌注,否则应采取措施处理。

4. 当采用干法灌注时,混凝土应通过串筒或导管注入桩孔,串筒或导管的下口与混凝土面的距离为 1~3 m。

5. 桩身混凝土灌注应连续进行,不留施工缝。

6. 桩身混凝土,每连续灌注 0.5~0.7 m 时,应插入振动器振捣密实一次。

7. 对出露地表的抗滑桩应按有关规定进行养护,养护期应在 7 d 以上。

6.2.8.8 桩身混凝土灌注过程中,应取样做混凝土试块。每班、每 100 m³ 或每搅拌盘取样应不少于一组。不足 100 m³ 时,每班都应取。

6.2.8.9 当孔底积水深度大于 100 mm,但有条件排干时,应尽可能采取增大抽水能力或增加抽水设备等措施进行处理。

6.2.8.10 若孔内积水难以排干,应采用水下灌注方法进行混凝土施工,保证桩身混凝土质量。

6.2.8.11 水下混凝土应具有良好的和易性,其配合比按计算和试验综合确定。水灰比宜为 0.5~0.6,坍落度宜为 160~200 mm,砂率宜为 40%~50%,水泥用量不宜少于 350 kg/m³。

6.2.8.12 灌注导管应位于桩孔中央,底部设置性能良好的隔水栓。导管直径宜为 250~350 mm。导管使用前应进行试验,检查密封、承压和接头抗拉、隔水等性能。进行水密封试验的水压不应小于孔内水深的 1.5 倍压力。

6.2.8.13 水下混凝土灌注要求

1. 为使隔水栓能顺利排出,导管底部至孔底的距离宜为 250~500 mm。

2. 为满足导管初次埋置深度在 0.8 m 以上,应有足够的超压力能使管内混凝土顺利下落并将管外混凝土顶升。

3. 灌注开始后,应连续进行,每根桩混凝土的灌注时间不应超过表 6.2.8-1 的规定。

表 6.2.8-1　单根抗滑桩的水下混凝土灌注时间

灌注量（m³）	<50	100	150	200	250	≥300
灌注时间（h）	≤5	≤8	≤12	≤16	≤20	≤24

4. 灌注过程中，应经常探测井内混凝土面位置，使导管下口埋深在 2~3 m，不得小于 1 m。

5. 对灌注过程中的井内溢出物，应引流至适当地点处理，防止污染环境。

6.2.8.14　当桩壁渗水并有可能影响桩身混凝土质量时，灌注前宜采取下列措施予以处理：

1. 使用堵漏技术堵住渗水口。

2. 使用胶管、积水箱（桶），并配以小流量水泵排水。

3. 若渗水面积大，则应采取其他有效措施堵住渗水。

6.2.8.15　抗滑桩施工安全要求

1. 监测应与施工同步进行，若发现变形异常应及时通知人员及设备撤离。

2. 孔口应设置围栏，严格控制非施工人员进入现场，人员上下可用卷扬机和吊斗等升降设施，同时应准备软梯和安全绳备用。孔内有重物起吊时，应有联系信号，统一指挥，升降设备应由专人操作。

3. 井下照明应采用 36 V 安全电压，进入井内的电气设备应接零接地，并装设漏电保护装置，防止漏电触电事故。

4. 井内爆破前，应经过设计计算，避免药量过多造成孔壁坍塌，应由已取得爆破操作证的专门技术工人负责。起爆装置宜用电雷管，若用导火索，其长度应能保证点炮人员安全撤离。

5. 特殊工种，如爆破、电器焊工、工程机械操作手等均应持证上岗。

6.2.8.16　抗滑桩属于隐蔽工程，施工过程中，应做好滑带的位置、厚度等各种施工和检验记录。对于发生的故障及其处理情况，应记录备案。

6.2.9　灌浆工程施工

6.2.9.1　一般要求

1. 灌浆施工前应准备充足的灌浆材料，土料储量宜为需要量的 2~3 倍。

2. 灌浆所用土料和浆液都应进行试验。土料试验项目包括颗粒分析、有机质含量及可溶盐含量等。浆液试验项目包括密度、黏度、稳定性、胶体率及失水量等。当采用水泥黏土浆时，应进行不同水泥含量的浆液及结石的物理力学性能试验。土料成分、性质和浆液性能应满足设计要求。

3. 制浆用水可为天然淡水。浆液中需掺入水泥、水玻璃、膨润土等材料时，所有材料的品质均应满足相关的技术标准。

4. 应根据灌浆工程的规模、工程量、地质条件、进度及操作人员的素质等条件，选择工作性能可靠、耐用的钻孔和灌浆机具。主要灌浆机具如泥浆泵、注浆管及输浆管等应有备用。

5. 灌浆所用的电源或其他动力应有充分保证，必要时应有备用动力。

6. 制浆和灌浆机械的布置,应考虑灌浆泵排量、扬程、输浆距离和料场位置等因素,满足施工干扰少、搬迁次数少以及电源和交通方便等要求。

6.2.9.2 钻孔技术要求

1. 钻孔方法应根据地质条件、灌浆方法与钻孔要求确定。帷幕灌浆当采用自上而下灌浆法、孔口封闭灌浆法时,宜采用回转式钻机和金刚石或硬质合金钻头钻进;当采用自下而上分段灌浆法时,可采用回转式钻机或冲击回转式钻机钻进。固结灌浆可采用风钻或其他形式钻机钻孔。

2. 灌浆孔位与设计孔位的偏差不应大于 10 cm,孔深不应小于设计孔深,实际孔位、孔深应有记录。

3. 各类灌浆孔均应进行孔斜测量。垂直的或顶角小于 5° 的钻孔,孔底的偏差不应大于表 6.2.9-1 的规定。若钻孔偏斜值超过规定,必要时应采取补救措施。对于双排或多排帷幕孔、顶角大于 5° 的斜孔,孔底允许偏差值可适当放宽,但方位角的偏差值不应大于 5°。孔深大于 100 m 时,孔底允许偏差值应根据工程实际情况确定。钻进过程中,应重点控制孔深 20 m 以内的偏差。

表 6.2.9-1　灌浆孔孔底允许偏差

孔深(m)	20	30	40	50	60	80	100
允许偏差(m)	0.25	0.50	0.80	1.15	1.50	2.00	2.50

4. 钻孔遇有洞穴、塌孔或掉块而难以钻进时,可先进行灌浆处理,再行钻进。如发现集中漏水或涌水,应查明情况、分析原因,经处理后再行钻进。

5. 灌浆孔或灌浆段及其他各类钻孔(段)钻进结束后,应及时进行钻孔冲洗。钻孔冲洗一般采用大流量水流冲洗。冲洗后,孔(段)底残留物厚度不应大于 20 cm。遇页岩、黏土岩等遇水易软化的岩石时,可视情况采用压缩空气或泥浆进行钻孔冲洗。

6. 当施工作业暂时中止时,孔口应妥善加以保护,防止流进污水和落入异物。

7. 钻孔过程应进行记录,遇岩层、岩性变化,发生掉钻、卡钻、塌孔、掉块、钻速变化、回水变色、失水、涌水等异常情况时,应详细记录。

6.2.9.3 制浆技术要求

1. 制浆材料必须按规定的浆液配比计量,计量误差应小于 5%。水泥等固相材料宜采用质量(重量)称量法计量。

2. 各类浆液应搅拌均匀,使用前应过筛。浆液自制备至用完的时间,细水泥浆液不宜大于 2 h,水泥浆不宜大于 4 h,水泥黏土浆不宜大于 6 h,其他浆液的使用时间应根据浆液的性能试验确定。

3. 浆液宜采用集中制浆站拌制,可集中拌制最浓一级的浆液,输送到各灌浆地点调配使用。输送浆液的管道流速宜为 1.4~2.0 m/s。各灌浆地点应测定从制浆站或输浆站输送来的浆液密度,然后调制使用。

4. 应对浆液密度等性能指标进行定期检查或抽查,保持浆液性能符合工程要求。

6.2.9.4 灌浆技术要求

1. 灌浆方法应根据不同的地质条件和工程要求进行选择。帷幕灌浆可选用自上而下分段灌浆法、自下而上分段灌浆法、综合灌浆法或孔口封闭灌浆法;固结灌浆除可选用以上方法外,还可采用全孔一次灌浆法;岸坡接触灌浆可采用钻孔埋管灌浆法、预埋管灌浆法或直接钻孔灌浆法;覆盖层灌浆宜采用套筏管灌浆法、沉管灌浆法或其他灌浆方法。

2. 灌浆方式应根据地质条件、灌注浆液和灌浆方法的不同,相应选用循环式灌浆或纯压式灌浆。当采用循环式灌浆法时,射浆管出口距孔底应不大于 50 cm。

3. 采用自上而下分段灌浆法时,灌浆塞应阻塞在各灌浆段段顶以上 50 cm 处,防止漏灌。

4. 采用自下而上分段灌浆法时,如灌浆段的长度超过 10 m,则宜对该段采取补救措施。

5. 混凝土与基岩接触段应先行单独灌注并待凝,待凝时间不宜少于 24 h,其余灌浆段灌浆结束后一般可不待凝。灌浆前孔口涌水、灌浆后返浆或遇地质条件复杂等情况宜待凝,待凝时间应根据工程具体情况确定。

6. 采用孔口封闭灌浆法时,各孔孔口管段即混凝土与基岩接触段应先行单独钻孔与灌浆,镶铸孔口管,并待凝 48~72 h。

7. 采用循环式灌浆时,灌浆压力表或记录仪的压力变送器应安装在灌浆孔孔口处的回浆管路上;采用纯压式灌浆时,压力表或压力变送器应安装在孔口处的进浆管路上;压力表或压力变送器与灌浆孔孔口的距离不宜大于 5 m。

8. 灌浆压力应保持平稳,宜测读压力波动的平均值,最大值也应予以记录。在施工过程中,灌浆压力可根据具体情况进行调整。灌浆压力的改变应征得设计部门同意。

9. 灌浆过程中,灌浆压力或注入率突然改变较大时,应立即查明原因,采取相应的措施进行处理。

6.2.9.5　灌浆结束及封孔要求

1. 灌浆结束应满足下述条件:

(1)经过分段多次灌浆,浆液已灌注至孔口,且连续复灌 3 次不再吸浆,可结束灌浆。

(2)该灌浆孔的灌注浆量或灌浆压力已达到设计要求。

2. 灌浆孔灌浆结束后,应及时进行封孔。方法为将灌浆管拔出,向孔内注满密度大于 15 kN/m³ 的稠浆。如果孔内浆液面下降,则应继续灌注稠浆,直至浆液面升至孔口不再下降。

6.2.9.6　特殊情况处理

1. 灌浆前,发现灌浆管路堵塞、止浆片或混凝土缺陷漏水时,可采用下列方法处理:

(1)采用压力水冲洗或风水联合冲洗等方法对堵塞管路进行正、反向反复浸泡冲洗。

(2)当排气管与缝面不通时,可针对排气槽部位补钻排气孔。

(3)当灌浆管路全部堵塞无法疏通时,应全面补孔。

(4)当止浆片缺陷漏水时,应采取嵌缝、掏洞堵漏等措施。

(5)当混凝土缺陷(裂缝、骨料架空)漏水时,应先处理混凝土缺陷再灌浆。

2. 灌浆过程中,发现灌区浆液外漏或灌区之间串浆时,可采用下列方法处理:

(1)当浆液外漏时,应先从外部进行堵漏。若无效再采取灌浆措施,如加浓浆液、降低压力等,但不应采用间歇灌浆方法。

(2)当灌区之间串浆时,若串浆灌区已具备灌浆条件,可同时灌浆,并应按"一区一泵"要求进行灌注。若串浆灌区不具备灌浆条件,且开灌时间不长,可先用清水冲洗灌区和串区,直至排气管排出清水,待串区具备灌浆条件后再进行同时灌浆。若串浆轻微,可在串区通入低压水循环,直至灌区灌浆结束。

3.灌浆过程中进浆管堵塞或灌浆因故中断,可采用下列方法处理:

(1)当进浆管(或备用进浆管)堵塞时,应先打开所有管口放浆,然后暂改用回浆管进浆,在控制缝面增开度限值内提高进浆压力,疏通进浆管。若无效,可以回浆管控制进浆压力,直至灌浆结束。

(2)当灌浆因故中断时,应立即用清水冲洗管路和灌区,直至管路系统通畅。恢复灌浆前,应再进行一次压水检查,若发现管路不通畅或排气管"单开流量"明显减少,应采取补救措施。

4.当灌区的缝面张开度小于 0.5 mm 时,可采用下列措施:

(1)使用细度为通过 71 μm 方孔筛筛余量小于 2%的水泥浆液或细水泥浆液。

(2)在水泥浆液中加入减水剂。

(3)在缝面张开度限值内提高灌浆压力。

6.2.10 防护网工程

6.2.10.1 一般要求

1.选购符合规范和国家相关标准及设计要求的防护网产品。

2.防护网生产及供应企业自身应具备检验产品质量的条件和能力,具备省级质量技术监督部门认可的出具产品合格证的资格;信誉好,其产品在多个类似的大型工程中成功使用过。

6.2.10.2 材料要求

1.柔性防护网的防护等级一般不应低于 500 kJ。

2.编网、支撑绳及拉锚系统所用钢丝绳应符合 GB/T 8918—2006 的规定,其钢丝强度不应低于 1 770 MPa,热镀锌等级不低于 AB 级。

3.钢丝格栅编织用钢丝应符合 YB/T 5294—2009 的规定,热镀锌等级不低于 AB 级,其中高强度钢丝格栅可采用质量不低于 150 g/m² 的镀锌铝合金镀层处理。环形网用钢丝应符合 YB/T 5294 的规定,其钢丝强度不应低于 1 770 MPa,热镀锌等级不低于 AB 级或采用质量不低于 150 g/m² 的镀锌铝合金镀层处理。

4.钢柱构件钢材应符合 GB/T 700—2006 的规定,并进行防腐处理,热轧工字钢还应符合 GB/T 706—2016 的规定。

6.2.10.3 主动防护网施工要求

主动防护网的锚杆施工安装完成后即可进行成品网片的安装、固定。成品网片运至预定位置后,利用网片上环孔等固定在钢结构上。钢结构与边坡锚杆间用直径不小于 16 mm 的钢丝绳锚杆连接固定。

6.2.10.4 被动防护网施工要求

1.混凝土基础开挖和清理建基面。宜采用人工手风钻开挖,人工出渣,并施打锚杆。

2.采用现浇混凝土,混凝土内按照设计图纸或厂家产品说明要求预埋钢结构基础。

3. 钢结构制作及安装:钢结构统一在钢筋加工厂加工成符合设计图纸或产品说明要求的成品,运至工作面进行现场拼装,相互之间焊接应牢固可靠。

4. 挂网及网片、钢结构固定成品网片吊运到设计位置,利用网片上环孔等固定在钢结构上。钢结构与边坡锚杆间用直径不小于 16 mm 的钢丝绳锚杆连接固定。

6.2.10.5 其他要求

1. 盘结成环的钢丝不应有明显松落、分离现象,钢丝不应有明显的机械损伤和锈蚀现象。

2. 高强度钢丝格栅端头至少应扭结一次,扭结处不应有裂纹。钢丝绳锚杆应为直径不小于 16 mm 的单根钢丝弯折后,用绳卡或铝合金紧固套管固定而成,并在固定后的环套内嵌套鸡心环。

3. 拉锚绳应在一端用相应规格的绳卡或铝合金紧固套管固定并制作挂环。被动网支撑应在一端制作挂环,缝合绳应按钢丝绳网规格预先切断。

6.3 地形地貌景观恢复治理工程

6.3.1 边坡治理

6.3.1.1 边坡治理工程主要有削填坡工程、边坡加固工程、护坡工程、排水工程和植被恢复工程。

6.3.1.2 当采场边坡、废石、废渣、废土堆边坡不能满足稳定性安全要求,与周围自然景观不相协调时,可采用削填坡工程进行治理。削填坡工程施工按照本《指南》6.2.2 节相关要求执行,削填坡工程实施后边坡坡度应满足设计及边坡稳定性要求,无崩塌、滑坡等灾害隐患。

6.3.1.3 当条件不允许削坡,削坡工程量大或仅采用削坡法还达不到稳定要求时,应进行边坡加固,根据不同的边坡条件选用注浆、抗滑桩、锚索(杆)或挡土墙等加固工程。加固工程施工参照本《指南》6.2 节中相关工程的要求执行,加固工程实施后边坡稳定性应满足设计要求,无崩塌、滑坡等灾害隐患。

6.3.1.4 当边坡整体稳定后,对局部不稳定或防治表面的冲刷应采用护坡工程,据不同的边坡条件选用不同的护坡工程,护坡工程施工参照本《指南》6.2.3 节中相关规定执行。

6.3.1.5 废石、废渣、废土堆的土质边坡和作为建设用地的采场岩质边坡应在坡顶、坡脚和水平台阶上设置排水系统;加固和防护的边坡有地下水渗出时应设置地下水排水系统,地下水渗出水量较小时可设置反滤层,地下水量较大时应设置排水盲沟或排水孔。排水工程的施工应按照本《指南》6.2.4 节中相关规定执行。

6.3.1.6 植被恢复工程(见本《指南》6.3.4 节)。

6.3.2 场地整治参照本《指南》7.6 节相关规定执行,整治后的场地应达到相应的规划用地要求。

6.3.3 井口整治

6.3.3.1 报废或闭坑的立井、斜井、平硐应用废石、废渣、废土填实,在井口浇筑钢筋混凝土盖板或浆砌砖、石、混凝土封墙,井口应设置警示标志。主要的工程措施有坑洞回填、钢筋混凝土盖板浇筑、挡土墙修砌、井口封墙修砌、排水沟挖掘、栅栏及标志牌工程等。

6.3.3.2 坑洞回填

1. 回填材料宜就地取用,用挖掘机和推土机直接从井口周围采用废石、废渣、废土(矿井有防氧化要求时,应用黏性土)进行回填。

2. 回填材料应无毒无害、颗粒级配良好,粒径不超过 50 cm。

3. 回填前应清除坑(洞)底或地坪上的大的木枋、模板等杂物,排干坑内积水。

4. 回填材料应分层铺平、压实,根据土质、密实度及机具性能确定每层土的虚铺厚度,黏性土不大于 200 mm。

5. 填方工程一般不宜在冬期施工,若必须在冬期施工,其施工方法应经技术经济比较后确定。

6. 冬期回填土每虚铺厚度应比正常温度施工时减少 20% ~ 50%,其中冻土块体积不得超过填土总体积的 15%;回填时,冻土块应均匀分布,逐层夯压密实,预留沉降量应比常温施工时适当增加。

7. 冬期施工前,应清除基底上的冰雪和保温材料,回填土应用未冻土。

8. 回填土应连续作业,防止基土或已填土受冻,应有必要的防冻措施。填方上层应用未冻胀的或透水性好的土料填筑。填方边坡表面 1 m 以内不得用冻土填筑。

9. 下雨天不宜回填施工。雨季施工时应有防雨措施,并应在坑外围筑土堤或开挖水沟,防止地面水流入坑洞,造成边坡塌方或基土破坏。

10. 雨季施工基坑的回填应连续进行,尽快完成。应及时对已填土进行夯实及表面压光,并沿回填方向做成一定坡势,以利排水。

11. 回填完工后应夯实井口地表。

6.3.3.3 钢筋混凝土盖板工程

1. 洞口四周建筑物拆除后、盖板工程完工前要设置栅栏,悬挂警示牌,现场要有专人看守,夜晚要有照明灯,防止发生坠井事故。

2. 实施闭坑工作时,先在井口周围地表连同井筒一齐向下挖一个垂深 5 m 的倒塔形土坑,土坑挖掘技术要求按照本《指南》6.2.2 节相关标准执行。

3. 人工将土坑底部井口周围的杂物清理干净后用大板或半圆木盖住井口。

4. 采用矿用工字钢将井口全部覆盖,工字钢间距不宜大于 0.20 m,两端各超出井筒内径不宜小于 0.50 m。

5. 在工字钢上面铺上大笆片挡住工字钢间隙,以井口为中心四周立起模板,模板立好后浇筑混凝土,混凝土浇筑厚度大于 0.50 m。模板工程、混凝土浇筑及养护技术要求应符合本《指南》6.2.5 节及 GB 50204—2015 的相关要求。

6. 混凝土盖板强度达到设计要求后,用推土机填平土坑至地表。

7. 夯实土坑地表,平整地表场地至设计要求。

6.3.3.4 井下挡土墙工程

1. 适用于对报废的斜井进行封堵。

2. 在井口向下 20~25 m 处沿井筒四周开槽,开槽深度不宜小于 0.3 m、宽度不宜小于 1 m。开槽土方开挖技术应符合 GB 50330—2013、JGJ 120—2012 等相关标准。

3. 在开槽部位修砌一道厚度不小于 1 m 的挡土墙,挡土墙可选择砖混结构或混凝土结构,其施工参照本《指南》6.2.6 节执行。

4. 挡土墙工程位于井下,施工人员进场前必须进行安全用电、防火、防毒、缺氧及孔内安全等施工安全常识教育,应做好充分的施工安全措施,可参照贵州省地方标准 DB22/11—2000 中 3.6 的相关规定执行。

6.3.3.5 排水沟工程施工要求可参照本《指南》6.2.4 节执行。

6.3.3.6 栅栏及标志牌工程

1. 废弃井口封堵后,应沿井口四周连续设置栅栏,不得有缺口;栅栏高度不宜低于 1.5 m,宜采用钢、钢筋混凝土、水泥、砖、木、石等耐久性建筑材料进行构筑。

2. 闭坑井口应设置标志牌,标志牌宜采用钢、钢筋混凝土、水泥、石等耐久性建筑材料进行构筑,标志牌内容应包括废弃井口标识、井口类型、井口大小、井的深度、封堵方式、建牌日期等。

6.3.4 植被恢复

6.3.4.1 植被恢复应根据设计要求,因地制宜,宜林则林、宜草则草、宜藤则藤、宜耕则耕,根据不同的地形地势,采取不同的植被恢复措施。

6.3.4.2 植被恢复中覆土厚度及土壤质量应满足设计的规定。覆土应利用自然降水、机械压实等方法让土壤沉降,使土壤达到 80%左右的密实度。

6.3.4.3 植被恢复中种植的苗木应根系发达、生长苗壮、无病虫害,规格及形态应符合设计要求,播撒的草种发芽率达 90%以上,符合 GB/T 7908—1999 标准方可使用。

6.3.4.4 苗木挖掘、包装应符合现行行业标准 CJ/T 24—2018 等的规定。

6.3.4.5 植被恢复工程建设具体参照北京市地方标准 DB11/T 1690—2019 的相关规定执行。

6.3.4.6 植被恢复工程中苗木成活率、草地覆盖率应满足设计要求,生态环境和景观环境与周围环境相协调,基本消除视觉污染。

6.4 土地污染修复工程

土地污染修复工程见本《指南》7.7 节。

6.5 含水层修复治理

6.5.1 对于含水层顶底板结构破坏的治理,可采用防渗帷幕、防渗墙工程措施封堵含水层顶底板破坏处周围的含水层,避免含水层结构地下水的流失,治理恢复其隔水层功能。

6.5.2 对于地下水位下降、水量减少(或疏干)的治理,可采用防渗帷幕拦截主要导水通道和封堵自然溢水井口等堵截工程措施治理,减少含水层中地下水的溢出和防止地下水串层,减少疏干排水量。

6.5.3 防渗帷幕工程施工应按照 DL/T 5148—2012 的要求执行。

6.5.4 对于地下水水质污染的治理执行《地下水污染修复(防控)工作指南(试行)》的相关规定。

6.6 废弃设施拆除工程

6.6.1 一般规定

6.6.1.1 从事拆除工程施工的企业应具有相应等级的资质证书,拆除工作施工人员应经过培训、考核合格,持证上岗。

6.6.1.2 拆除工程施工前,应编制拆除工程施工组织设计;施工中,应严格按拆除工程施工组织施工,不得擅自变更。

6.6.1.3 拆除工程施工作业前和拆除过程中,技术人员应对参加作业的人员进行详细的技术交底;技术交底的主要内容应包括拆除技术要求、作业危险点与安全措施等;每次技术交底应有书面记录,并由交底人和被交底人双方签字确认。

6.6.1.4 拆除工程施工现场应按照 DGJ 08—70—2013 中 3.0.4 的相关规定执行。

6.6.1.5 施工现场应做到材料堆放整齐,建筑垃圾应及时外运,24 h 内不能清运完毕时,应采取遮盖措施。拆除后垃圾的运输及处置应参考 CJJ/T 134—2019、GB 50869—2013 的要求采取相应措施,不得造成二次环境污染。

6.6.1.6 机械拆除、爆破拆除或破碎构件、翻渣、建筑垃圾清运时,必须采用洒水或喷淋措施,控制粉尘飞扬。

6.6.1.7 拆除工程施工时,应保证施工现场排水畅通,并满足以下要求:

1. 施工企业应保护原排水系统,避免场地积水。

2. 当施工损坏原排水系统时,应设置满足排水需要的标准水井或简易集水井。

3. 当遇到风力大于 5 级、大雾、雨雪等恶劣天气时,施工企业必须停止室外拆除和清除作业。

6.6.1.8 拆除工程施工企业、拆除工地应制订应急救援预案,建立应急救援组织,并配备排险、救灾的设备和工具。

6.6.2 人工拆除施工要求

6.6.2.1 人工拆除作业必须按建造施工工序的逆顺序自上而下、逐层、逐个构件、杆件进行;在拆除过程中容易失稳的外挑构件必须先行拆除;承重的墙、梁、柱,必须在其所承载的全部构件拆除后再进行拆除;严禁垂直交叉作业。

6.6.2.2 对于拆除物的檐口高度大于 2 m 或屋面坡度大于 30°的建筑物,应搭设施工脚手架,落地脚手架首排底笆应选用不漏尘的板材铺设;拆除工程施工中,应检查和采取相应措施,防止脚手架倒塌。

6.6.2.3 作业人员必须站在脚手架、脚手板或其他稳固的结构或部位上操作,严禁站在墙体、挑梁等不稳固、危险的构件上作业,不得高空抛物。

6.6.2.4 拆除坡度大于 30°的屋面和石棉瓦屋面、冷摊瓦屋面、轻质钢架屋面,操作人员应系好安全带,并有防滑、防坠落措施。拆除屋架时,应在屋架顶端两侧设置揽风绳,防止屋架意外倾覆;屋架跨度大于 9 m 时,应采用起重设备起吊拆除。

6.6.2.5 现浇钢筋混凝土楼板及预制楼板均应采用粉碎性拆除。作业人员应系好安全带,并攀挂在安全绳上,安全绳固定在稳定牢固的位置。

6.6.2.6 梁和墙体应采用粉碎性拆除。墙体必须自上而下粉碎性拆除,禁止采用开墙槽、砍凿墙脚、人力推倒或拉倒墙体的方法拆除墙体。

6.6.2.7　拆除立柱时,应沿立柱根部切断部位凿出钢筋,用手动倒链或用长度和强度足够的绳索定向牵引,将与牵引方向反向的钢筋和两侧的钢筋用气割割断,保留牵引方向的钢筋,然后将立柱向倒塌方向牵引拉倒。

6.6.2.8　切割钢筋混凝土建(构)筑物宜采用低噪声切割方式。切割前先在被切割构件底部搭设具有足够支承力的钢管支撑架。钢筋混凝土立柱和楼板切割前应先在被切割构件上钻起吊孔,用起重设备起吊,立柱的吊点应布置在重心以上部位。

6.6.2.9　人工拆除施工尚应符合 DGJ 08—70—2013 中 6 的相关规定。

6.6.3　机械拆除施工要求

6.6.3.1　施工企业必须根据建(构)筑物的高度选择拆除机械,严禁超越机械有效作业高度进行作业。拆除机械应具有产品合格证及有关技术主管部门对该机械检验合格的证明。

6.6.3.2　拆除工程施工现场应具备机械作业的道路、水电、停机场地等必备的条件,夜间作业应设置充足的照明灯光,照明光束应俯射施工作业面,照明灯光不得直射工地外其他建筑物。

6.6.3.3　机械作业人员应按照机械操作手册的要求和 JGJ 33—2012 的规定进行操作;拆除机械作业平面的有效范围为机械正前方左、右 40°。

6.6.3.4　机械拆除作业时现场应有专人指挥;拆除建(构)筑物时,应确保未拆除部分结构的完整和稳定;机械操作人员之外的其他人员不得进入机械作业范围。

6.6.3.5　多台拆除机械作业时,不得上下、立体交叉作业;拆除机械作业与停放时应置于被拆除物有倒塌可能的范围以外;两台拆除机械平行作业时,两机的间距不得小于拆除机械有效操作半径的 2 倍。

6.6.3.6　在机械拆除工程施工过程中需要人工拆除配合时,严禁人、机上下交叉作业,并符合人工拆除工程施工的规定。

6.6.3.7　机械拆除应按照以下步骤顺序进行:

1. 建(构)筑物的铸铁落水管、外墙上的附属物、外挑结构、水箱等。

2. 楼板(屋面板)。

3. 墙体。

4. 次梁、主梁、立柱。

6.6.3.8　机械拆除砖木结构、砖混结构、框架结构及钢结构建(构)筑物应符合 DGJ 08—70—2013 中 7 的相关规定。

6.6.3.9　机械拆除地下工程、深基础时,应采取放坡或其他稳定土层的措施;对施工周边的建筑及管线进行监测;排出地下水应采取集水井等措施;建筑垃圾应及时清理;地下空间应及时回填。

7 土地综合整治及土壤修复工程施工技术

7.1 土地平整工程

7.1.1 一般规定

7.1.1.1 土地平整工程应围绕农田规整和废弃沟渠、废弃砖瓦窑和居民点、灾毁地、煤矿塌陷地、零星宜农未利用地的平整复垦进行。

7.1.1.2 土地平整工程包括以平田整地为重点的田块修筑工程和以保持或提高地力为目标的耕作层地力保持工程。

7.1.1.3 土地平整和耕作田块建设要因地制宜，根据土地开发整理区地形地貌和土地利用类型情况确定土地平整工程类型。

7.1.1.4 土地平整工程应达到保水、保土、保肥，并与排灌工程、田间道路、输配电等工程建设相结合，使田块规整、便于耕作，形成高标准的条田、梯田、格田等，耕地土壤环境质量符合 GB 15618—2018 规定的 II 类土壤环境治理标准。

7.1.2 田块修筑工程

7.1.2.1 田块修筑施工包括田面平整、土坎梯田施工和石坎梯田施工三类工程。

7.1.2.2 田面平整应尽量以耕作田块或地块为基本单元，填挖宜在同一平整单元内进行。确定田面平整方案时，尽可能使项目区土方挖填量平衡。

7.1.2.3 田面平整后水田格田内田面高差应小于 3 cm，水浇地田内田面高差应小于 5 cm。末级固定沟渠之间的田块高程要依沟渠的走势从高到低变化，相邻田块之间的高差应尽可能小，满足 TDT 1013—2013 的相关标准。

7.1.2.4 土坎梯田施工包括施工定线、清基、筑埂、保留表土、修平田面等工序，其施工执行 GB/T 16453.1—2008 中 10.1 的相关规定。

7.1.2.5 石坎梯田施工包括定线、清基、修砌石坎、坎后填膛、修平田面五道工序。工序施工可参照土坎梯田和 GB/T 16453.1—2008 中 10.2 的相关规定。

7.1.3 耕作层地力保持工程

7.1.3.1 表土保护

1. 土地平整时应保留一定厚度的表土，以保持土壤的肥力。

2. 旱作地区宜在挖方处剥离表土 30 cm，填方超过 50 cm 时，必须将熟土上翻，回填熟土层厚不低于 30 cm 为宜。

3. 水稻区，如在田里种有绿肥，则应将绿肥连同熟土切块搬迁他处，田面平整后，再将绿肥块还原铺平。

4. 耕作层剥离保护施工参照《耕作层土壤剥离利用技术规范（试用版）》执行。

7.1.3.2 客土回填

1. 土地平整区耕作层土壤厚度达不到作物生长所需土层厚度时，应进行客土回填。

2. 确定土地平整方案时，尽可能使项目区土方挖填平衡。需要进行客土回填时，应考虑下列要求：

（1）客土土源要尽量接近项目区，一般不超过 3 km。

（2）耕作层的客土宜选用质地较好、未污染的土壤，且不应含有石块、石砾、瓦片等。

（3）保障取土区的安全，土源地避开铁路、公路路基，大江大河及水库堰塘的堤岸。

（4）取土应与当地的塘堰清淤、河流清障、道路修建、鱼池开挖等相结合。

（5）填土应留有不低于 20% 的虚高。

7.1.3.3 位于黄河两岸引黄灌区内或附近的项目区，可将黄河水有控制地引入农田或者需要填高的低洼区，以达到改良土壤质地或增厚土层的目的。

7.1.3.4 耕作层土壤应符合 GB 15618—2018 的规定，影响作物生长的障碍因素应降到最低限度。

7.1.3.5 耕作层厚度应满足设计规定，达到 25 cm 以上，有效土层厚度应达到 50 cm 以上。

7.2　灌溉与排水工程

灌溉与排水工程包括水源工程、灌排渠系和灌排建筑物工程。

7.2.1　灌排渠系

7.2.1.1　沟渠土方开挖技术要求

1.沟渠土方开挖应进行挖、填方的平衡计算，综合考虑土方运距最短、运程合理和各个工程项目的合理施工程序等，做好土方平衡调配，减少重复挖运。

2.沟渠开挖应遵守下列原则：

（1）采取自上而下的分层施工程序。

（2）对有支护要求的高边坡，每层开挖后及时支护。

（3）坡顶设截水沟。

3.沟渠基槽应根据设计测量放线，进行挖填和修整。应严格控制基槽断面的高程、尺寸和平整度。沟渠工程可采用机械开挖或人工开挖，应遵守下列规定：

（1）当沟渠口宽大于或等于 1 m 时，宜采用机械开挖，底部辅以人工开挖。

（2）当沟渠口宽小于 1 m 时，宜采用人工开挖。人工开挖一般应从中心部位向外扩展，分层进行，先台阶后成型，逐次开挖到底。

（3）开挖排水沟的弃土应用于筑路、修渠和土地平整。

4.基坑土方应随挖随运，当采用机械挖、运联合作业时，宜将适于回填的土分类堆存备用。

7.2.1.2　砌体沟渠施工技术

1.砌体工程主要有砖砌体工程、石砌体工程、混凝土块砌体工程等，主要施工工序包括砌筑面准备、选料、铺（坐）浆、安放石料、勾缝、养护等。

2.砌筑基础前，应校核放线尺寸。基底标高不同时，应从低处砌起，由高处向低处搭砌。

3.砌块材料和砂浆强度等级应符合设计要求，砂浆的强度不宜低于 M7.5。

4.石砌体采用的石材应质地坚实，无风化剥落和裂纹。石材表面应无水锈和杂物。

5.砌筑砖砌体时，砖应提前 1~2 d 浇水湿润。砌砖工程采用铺浆法砌筑时，铺浆长度不应超过 750 mm；施工期间气温超过 30 ℃时，铺浆长度不应超过 500 mm。

6.浆砌料石和块石，应干摆试放，分层砌筑，坐浆饱满，砂浆饱满度不应小于 80%。

每层铺水泥砂浆厚度,料石宜为 2~3 cm,块石宜为 3~5 cm。块石缝宽超过 5 cm 时,应填塞小片石。

7. 砂浆初凝后,如移动已砌筑的石块,应将原砂浆清理干净,重新铺浆砌筑。

8. 砌筑毛石基础的第一皮石块应坐浆,并将大面向下;砌筑料石基础的第一皮石块应用丁砌层坐浆砌筑。

9. 石砌体的轴线位置及垂直度可通过经纬仪、尺、吊线等检查。砌石结构用于渠道防渗时,施工应符合 GB/T 50600—2020、SL 18—2004 的有关要求。

10. 混凝土预制板(槽)和浆砌石应用水泥砂浆或水泥混合砂浆砌筑,并应用水泥砂浆勾缝。混凝土 U 形槽也可用高分子止水管及其专用胶安砌,不需勾缝。砌筑和勾缝砂浆的强度等级要求应符合 GB/T 50600、GB/T 50600 的有关规定。砌筑缝宜采用梯形缝或矩形缝,缝宽 1.5 cm、2.5 cm。

11. 混凝土预制块应按从下往上的顺序砌筑,砌筑应达到平整、咬合紧密,并用砂浆封填预制块间的缝隙;混凝土预制块铺砌应平整、稳固,砌筑缝的砂浆应填满、捣实、压平和抹光。

7.2.1.3 混凝土沟渠施工技术

1. 混凝土浇筑应先坡后底,最后浇筑压沿。渠坡浇筑采用分块跳仓法施工,渠底和压沿浇筑可按一定的方向连续进行。同一块混凝土板浇筑不宜间歇,如因机械故障等原因间歇,时间不宜超过 60~90 min。

2. 浇筑开始前应在精削后的渠床上安放模板并固定伸缩缝。如渠床干燥起土,应洒水湿润,避免浇筑好的混凝土板因水分过度流失表面出现细裂纹。

3. 浇筑时应及时流槽入仓,人工平仓,用刮杠刮平,宜用平板振动器振捣。振动器振动顺序应从下往上单方向振动,不应过振、漏振。

4. 振实后,应用磨光机磨至表面泛出水泥浆,再人工压光,浇筑应做到内实外光,棱角分明,表面无蜂窝、麻面、砂眼、爆皮、龟裂等现象。

5. 混凝土浇筑完毕后,应及时采取保温保湿等养护措施,混凝土强度达到设计要求前,不应在其上踩踏、堆放荷载等。

7.2.2 水源工程

7.2.2.1 水源工程一般包括塘堰、小型拦河坝、蓄水池、水窖等蓄水工程,以及机井、大口井等管井工程。

7.2.2.2 塘堰、小型拦河坝工程的建设按 GB/T 16453.3—2008 中淤地坝工程的规定执行。

7.2.2.3 蓄水池、水窖的建设按 GB/T 16453.4—2008 的相关要求执行。

7.2.2.4 机井施工参照 DZ/T 0283—2015 附录 J 执行,应针对不同地层,采用合适的成井工艺和洗井方法,保证地下水流畅通,出水量满足设计及实际要求。

7.2.2.5 大口井可根据设计要求、施工机具、水文地质条件等选用大开槽法或沉井法。施工应符合现行 GB 50625—2010 的有关规定。

7.2.2.6 以地表水、地下水作为农业灌溉水源时,其水质均应符合 GB 5084—2005 的规定。

7.2.3 灌排建筑物应配套完整,其布置应选在地形条件适宜和地质条件良好的地区,满足灌排系统水位、流量、运行、管理的需要,适应交通和群众生产、生活的需要。其工程建设执行国家、行业及地方相关规定。

7.3　田间道路工程

7.3.1　田间道路工程施工工序一般为测量、放线、基底清理与处理、路基填筑、垫层填筑、路面施工等。

7.3.2　路堤基底为耕地或松土时,应清除有机土、种植土,平整后压实的强度和压实度应符合有关规定。

7.3.3　加宽旧路堤时,所填土宜与旧路相同或透水性较好。

7.3.4　路堤填料,不应使用淤泥、沼泽土、冻土、有机土、含草皮土、生活垃圾、树根和含有腐朽物质的土。捣碎后的种植土,可用于路堤边坡表层。

7.3.5　土方路堤应根据设计断面分层填筑、分层压实,按土质类别、压实机具功能、碾压遍数等经过试验确定。

7.3.6　路基应采用机械压实。压实机械的选择应根据工程规模、场地大小、填料种类、压实度、气候条件、机械效率等因素确定。

7.3.7　沥青路面宜选择在干燥和较热的季节施工。沥青表面处治路面可采用拌和法或层铺法施工。施工工序和方法应符合 JTG F40—2004 的有关要求。

7.3.8　水泥混凝土路面宜采用二轴辗压机、小型机具等施工机具,施工工序和方法应符合 JTG/T F30—2014 的有关要求。

7.3.9　泥结碎石路面中新土含量不应大于 15%,黏土和碎石材质应符合设计要求,宜采用灌浆法施工。

7.3.10　路面施工完毕后按相关规定及时进行养护及管理,确保田间道路满足设计要求、满足居民交通运输的需要。

7.4　农田输配电工程

7.4.1　输电线路工程

7.4.1.1　架空输电线路的路径布设应符合下列要求:

1. 线路尽量短而直,减少转角。

2. 尽量避免同公路、河道、房屋、林带以及电力线路、通信线路等的交叉跨越,不应跨越顶部为易燃材料的建筑物。

3. 线路架设和维护要方便,避免穿越沟谷、沼泽等通行困难的地带。

4. 电杆不应设置在易被车辆碰撞、易受水流冲刷和易受水淹的地方。

7.4.1.2　架空输电线路的导线与地面、建筑物、树木等的距离,应符合 GB 50168—2018 的相关规定。

7.4.1.3　线路横担及铁附件均应采用热镀锌或其他先进防腐措施。

7.4.1.4　电杆宜采用符合 GB 4623—2014 标准的定型产品。农村宜选用不低于 10 m 的钢筋混凝土杆,集镇宜选用不低于 12 m 的钢筋混凝土杆。

7.4.1.5　地埋电力线路应符合下列要求:

1. 地埋线的导线必须符合 JB/T 2171—2016 的有关规定。

2. 地埋线敷设路径的选择与架空线路相同,宜尽量避开易受到机械、振动、化学腐蚀、水锈蚀、热影响、白蚁、鼠害等各种损伤的地区。当必须经过上述地段时应采取一定的保护措施。

　　3. 地埋线可采用地埋敷设和电缆沟敷设。地埋线深度不宜小于 0.8 m。

　　4. 地埋线路的分支、接户、终端及引出地面的接线处,应装设地面接线箱。

7.4.2　配电装置应适应所在场所的环境条件,做好防腐、防雨措施,其设备、安装要求应符合 GB 50168—2018 的相关规定。

7.4.3　配电变压器的布置应符合下列要求。

7.4.3.1　正常环境下,泵站和机井用配电变压器宜采用柱上安装或屋顶安装,底座距地不应小于 2.5 m。

7.4.3.2　安装在室外的落地配电变压器的座基础应高于当地最大洪水位,但不得低于 0.3 m。变压器四周应设置安全围栏,围栏高度不低于 1.8 m,栏条间净距不大于 0.1 m,围栏距变压器的外廓净距不应小于 0.8 m,各侧悬挂"有电危险,严禁入内"的警告牌。

7.4.3.3　安装在室内的配电变压器,应保证室内有良好的自然通风,可燃油油浸变压器室的耐火等级应为一级。

7.5　农田防护与生态环境保护工程

7.5.1　防护林工程

7.5.1.1　农田防护林树种应选择适宜当地的本土树种,树苗规格应满足设计要求。

7.5.1.2　农田防护林的整地形式宜采用穴状整地。整地时把杂草翻埋于穴内,穴的规格一般长、宽分别为 50~100 cm,深 60~100 cm。

7.5.1.3　植苗技术采用 GB/T 15776—2016 中 10.1 节的有关规定。

7.5.2　岸坡防护工程参照本《指南》6.2.3 节相关规定执行。

7.5.3　沟道治理工程参照 GB/T 16453.3—2008 执行。

7.5.4　坡面防护工程执行 GB/T 16453.4—2008 的有关规定。

7.5.5　生态保护工程

7.5.5.1　农田平整工程中宜将石块收集,自然堆放于田头空闲地。

7.5.5.2　在田边等不影响农事操作、通行便利的地点宜分户修建凹形有机废弃物发酵处理池,池底应做防渗水处理。处理池建设参照 GB/T 16453.4—2008 中蓄水池要求执行。

7.5.5.3　生物通道、生态拦截沟等生态保护工程建设应减少衬砌,宜干砌块石表面砂浆抹面,施工参照干砌块石、浆砌石工程相关规定执行。

7.6　废弃场地复垦工程

7.6.1　场地整治类的主要治理工程有土地平整工程、给排水工程、植被恢复工程。参照本《指南》相关章节规定执行。

7.6.2　对较平坦或浅凹坑的场地整治工程,可采取土地平整和覆土工程,将场地整治成农林草用地或其他用途的用地。

7.6.3　对深凹坑场地,凹陷底面标高低于地下水位,又不具备回填土源条件的,或有景观要求的,可做水面改造,建成与周围自然景观相协调、水质符合有关水质标准要求的水塘、景观池或蓄水池。其水面周边堤岸岸坡应满足稳定要求,并设防护栏和种植林草。

7.6.4 复垦为耕地的,其中复垦为旱地后的田面坡度不宜超过25°,有效土层厚度不小于80 cm;复垦为水浇地、水田时,地面坡度不宜超过15°,有效土层厚度不小于100 cm。

7.6.5 复垦为园地的,复垦后园地地面坡度应小于25°,园地的有效土层厚度不小于80 cm,土壤环境质量应基本符合GB 15618—2018规定的Ⅱ类及以上土壤质量标准。

7.6.6 复垦为林地的,其中全部覆土复垦为林地的有林地有效土层厚度不小于50 cm,灌木林地和其他林地有效土层厚度不小于30 cm;不全部覆土复垦为林地的,宜采用坑栽或播籽。所选有林地、灌木林、其他林地的种类宜与周边环境相适应。高陡边坡复垦为藤本植物的,应根据边坡高度、坡度分阶梯种植。复垦后,林地郁闭度不小于0.30。

7.6.7 复垦为草地的,人工牧草地有效土层厚度不小于30 cm,其他草地有效土层厚度不小于20 cm。草地的种植方式可覆土植草皮,也可直接播撒多年生草籽。

7.6.8 复垦为水域的,应设置安全警示标志,必要时应设置安全防护栏或防护网等。其中,复垦为养殖渔业的水库、水塘,其水质应符合GB 11607—1989;复垦为蓄水池或人工湖,具有一定灌溉功能的,其水质应根据功能特性符合GB 3838—2002的相关规定。

7.6.9 治理恢复为农林草用地、水面改造的场地应设置排水系统。排水工程的施工应按照DZ/T 0219—2006的要求。

7.6.10 植被恢复工程参照本《指南》6.3.4节。

7.7　土壤污染修复工程

7.7.1　一般规定

7.7.1.1 施工前修复技术方案要经当地环境主管部门审批通过。

7.7.1.2 修复实施过程中应采取措施防止污染物在环境介质之间转移。

7.7.1.3 应制订保障施工人员与周围居民的健康和安全计划。

7.7.1.4 应制订初步的运行、监测和维护计划,并建设监测系统。

7.7.1.5 污染土地修复工作参照HJ 25.4—2014、CAEPI 1—2015执行。

7.7.2　挖掘填埋技术

7.7.2.1 工艺流程如图7.7.2-1所示。

图7.7.2-1　挖掘填埋技术工艺流程

7.7.2.2 污染土壤清挖后进行土壤破碎筛分、固化/稳定化处理。固化/稳定化处理后固化体抗压强度不小于0.35 MPa,含水量要低于20%。

7.7.2.3 建设填埋场防渗系统,填埋场阻隔防渗一般选用1.5 mm HDPE膜和600 g/m² 土工布,采用热熔挤压式手持焊接机、温控自行式热合机、土工布缝纫机等设备进行焊接,建成后防渗阻隔系数要小于 1×10^{7} cm/s。并根据地下水位情况建设地下水导排系统。

7.7.2.4 将预处理后的污染土壤填埋在阻隔填埋场,并分层压实。

7.7.2.5 填埋完毕后建设填埋场封场系统,并根据填埋土壤性质建设导气收集系统。

7.7.2.6 设置填埋场监测系统,定期监测地下水水质,防止渗漏造成污染。对该阻隔系统的监测主要是沿着阻隔区域地下水水流方向设置地下水监测井,监测井分别设置在阻隔区域的上游、下游和阻隔区域内部。

7.7.2.7 为防止降水进入填埋区域,在实施完毕后及时进行封场生态恢复。

7.7.3 固化/稳定化技术

7.7.3.1 施工流程主要过程包括污染土壤挖掘、土壤含水量控制、粉状稳定剂布料添加、混匀搅拌处理、养护反应、外运资源化利用、现场验收监测等环节。

7.7.3.2 为保证土壤挖掘安全,施工时应采取分层分区倒退挖掘的方式进行施工,围栏封闭作业,设立警示标志,做好地下隐蔽设施保护措施。

7.7.3.3 如果土壤污染深度较深,在进行挖掘的过程中,须进行必要的基坑设计以及相应的降水设计,但须注意场地降水的排放和处理。

7.7.3.4 采取措施防止雨水进入土壤,防止降雨冲洗土壤携带污染物进入周边环境,防止刮风尘土飞扬,造成二次扩散。

7.7.3.5 挖掘出的土壤根据情况进行土壤预处理(水分调节、土壤杂质筛分、土壤破碎等),一般要求土壤颗粒最大的尺寸不宜大于 5 cm。

7.7.3.6 基于现场污染土壤进行实验室研究,确定所需的最佳稳定剂类型和添加量。目前国外应用的固化/稳定化技术药剂添加量大都低于 20%。

7.7.3.7 为使土壤与固化/稳定剂充分混合,宜采用筛分破碎铲斗设备。

7.7.3.8 对于固化/稳定化后采用回填处理的土壤,需要在地下水的下游设置至少 1 口监测井,每季度监测 1 次,持续 2 年,确保没有泄漏。

7.7.3.9 经固化/稳定化处理后的固化体,其无侧限抗压强度要求大于 50 psi(0.35 MPa),而固化后用作建筑材料的无侧限抗压强度至少要求达到 4 000 psi(27.58 MPa)。经固化处理后的渗透系数一般要求不大于 1×10^6 cm/s。

7.7.4 土壤气相抽提技术

7.7.4.1 工艺流程如图 7.7.4-1 所示。

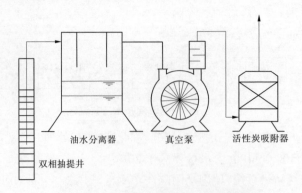

油水分离器　　　　真空泵　　　活性炭吸附器

双相抽提井

图 7.7.4-1 土壤气相抽提技术工艺流程

7.7.4.2 建立地下水抽提井,井与井间距应在水力影响半径范围内。对于有 DNAPL(高密度非水相液体)存在的场地,抽提井的深度应达到隔水层顶部。

7.7.4.3 整个抽提管路应保持良好的密闭性,包括井口、管路、接口等。

7.7.4.4 观察维护油水分离器,确保油水分离效果,并对水、油分别进行收集、处置。

7.7.5 异位土壤洗脱技术

7.7.5.1 施工流程及其技术要求:

工艺流程为:土壤挖掘及预处理→土壤分级→土壤洗脱→废水、废气处理→达标排放。

1. 污染土壤挖掘及预处理,包括筛分和破碎等,剔除超尺寸(大于 100 mm)的大块杂物并进行清洗。

2. 预处理后的土壤进入物理分离单元,采用湿法筛分或水力分选,对污染土壤进行分级,将物料按粒径分为大于 10 mm 的粗料、2~10 mm 的砂粒以及小于 2 mm 的细粒,经脱水筛脱水后得到清洁物料。

3. 分级后的细粒直接或进行增效洗脱后进入污泥脱水系统,泥饼根据污染性质选择最终处理处置技术。

4. 洗脱系统的废水经物化或生物处理去除污染物后,可回用或达标排放。

5. 若土壤含有挥发性重金属或有机污染物,应对预处理及土壤洗脱单元设置废气收集装置,并对收集的废气进行处理。

6. 定期采集处理后的粗颗粒、砂粒及细粒土壤样品以及处理前后洗脱废水样品进行分析,掌握污染物的去除效果。

7. 异位土壤洗脱系统的运行可通过自动控制系统控制,操作简单、效果稳定。需定期对各单元设备进行维护和检修以保证系统正常运行。实时观测运行过程中设备负荷、运行功率、运行状态等,检查设备是否有漏液、漏料、堵料等异常状况。

8. 运行过程中应根据实际工程处理进度定期采集处理前后各土壤组分样品、水样进行分析监测,如土壤涉及挥发性有机物污染还需定期检测气体收集单元和气体处理单元尾气。

7.7.5.2 关键技术参数或指标要求

1. 土壤细粒含量:土壤细粒的百分含量是决定土壤洗脱修复效果和成本的关键因素。通常异位土壤洗脱处理对于细粒含量达到 25%以上的土壤不具有成本优势。

2. 水土比:采用旋流器分级时,一般控制给料的土壤浓度在 10%左右;机械筛分根据土壤机械组成情况及筛分效率选择合适的水土比,一般为 5:1~10:1。增效洗脱单元的水土比根据可行性试验和中试的结果来设置,一般水土比为 3:1~20:1。

3. 洗脱时间:物理分离的物料停留时间根据分级效果及处理设备的容量来确定;一般时间为 20 min 至 2 h,延长洗脱时间有利于污染物去除,但同时也增加了处理成本,因此应根据可行性试验、中试结果以及现场运行情况选择合适的洗脱时间。

4. 洗脱次数:当一次分级或增效洗脱不能达到既定土壤修复目标时,可采用多级连续洗脱或循环洗脱。

5. 增效剂类型:一般有机污染选择的增效剂为表面活性剂,重金属增效剂可为无机酸、有机酸、络合剂等。增效剂的种类和剂量根据可行性试验和中试结果确定。对于有机物和重金属复合污染,一般可考虑两类增效剂的复配。

6. 增效洗脱废水的处理及增效剂的回用:对于土壤重金属洗脱废水,一般采用铁盐+碱沉淀的方法去除水中重金属,加酸回调后可回用增效剂;有机物污染土壤的表面活性剂洗脱废水可采用溶剂增效等方法去除污染物并实现增效剂回用。

7.7.6　热脱附技术

7.7.6.1　工艺流程为:污染土挖掘→土壤预处理→回转窑加热系统→尾气处理系统→达标回填。

7.7.6.2　对地下水位较高的污染场地,挖掘时需采取降水措施使土壤湿度符合处理要求。

7.7.6.3　对挖掘后的土壤进行适当的预处理,例如筛分、调节土壤含水量(进料土壤的含水量宜低于 25%)、磁选等。粒径小于 50 mm 的土块直接被送入回转窑,超规格的土块经过破碎后再次返回振荡筛进行筛分。

7.7.6.4　土壤热脱附处理时,根据目标污染物的特性,调节合适的运行参数(脱附温度、停留时间等),使污染物与土壤分离。

7.7.6.5　施工中应及时收集脱附过程产生的气体,通过尾气处理系统处理达标后方可排放。

7.7.6.6　为防止二噁英的形成,在废气燃烧破坏时还需要特别的急冷装置,使高温气体的温度迅速降低至 200 ℃,防止二噁英的生成。

7.7.7　焚烧技术

7.7.7.1　施工流程主要包括:污染土壤挖掘及运输、土壤预处理、土壤焚烧、尾气及灰渣处理等。

7.7.7.2　焚烧前,对污染土壤进行适当的预处理,例如调节土壤含水量,常用的方法是土壤经浓缩、脱水后,采用专门的热干燥设备直接或间接干燥,一般使土壤的含水量降到10%以下。可加入辅助燃料以维持后期燃烧过程的自持进行。

7.7.7.3　根据土壤的处理量及其特性,以及财力、技术等选用焚烧炉,目前优先选用循环流化床燃烧技术。调节合适的运行参数(焚烧温度、焚烧时间等),使土壤中的可燃成分在高温下充分燃烧,最终成为稳定的灰渣。

7.7.7.4　焚烧过程中应注意控制炉床温度不超过 850 ℃,从而抑制 SO_2 和 NO_x 的排放。

7.7.7.5　焚烧前在土壤中混入石灰石或生石灰脱硫,能有效抑制 SO_2 和 NO_x 的排放量。

7.7.7.6　焚烧过程中必须严格控制二噁英的排放。通常的做法有:在燃料中添加化学药剂阻止二噁英的生成;在燃烧过程中提高"3T"作用效果,使燃烧物与氧充分搅拌混合,造成富氧燃烧状态,减少二噁英前驱物的生成;在废气处理过程中采用袋式除尘器或活性焦炭有效抑制二噁英类物质的重新生成和吸附二噁英类物质。通过改进燃烧和废气处理技术,使排入大气中的二噁英类物质的量达到最小。

7.7.7.7　施工中应及时收集脱附过程产生的气体,通过尾气处理系统处理达标后方可排放。

7.7.7.8　焚烧后的灰渣及飞灰,在重金属含量不超标的情况下可考虑综合利用,如制水泥、造砖等。若含量超标,不允许直接填埋,通常是采用飞灰再燃装置进行高温熔融处理后,再进行填埋,或采用化学方法将超标的重金属淋滤出来,达标后再利用。

7.7.8　水泥窑协同处置技术

7.7.8.1　工艺流程如图 7.7.8-1 所示。

7.7.8.2　污染土壤在使用前应进行预处理(去除掉砖头、水泥块等影响工业窑炉工况的大颗粒物质)。

7.7.8.3　污染土壤的添加量,应在通过检测污染土壤的成分及污染物含量的基础上计算确定。

7.7.8.4　入窑配料中重金属污染物的浓度应满足 HJ 622—2013 的要求。

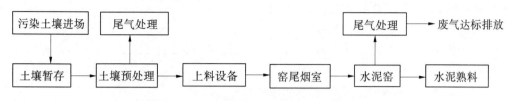

图 7.7.8-1 水泥窑协同处置技术工艺流程

7.7.8.5 入窑污染土壤中氟元素含量不应大于 0.5%,氯元素含量不应大于 0.04%。

7.7.8.6 水泥窑协同处置过程中,应控制污染土壤中的硫元素含量,配料后的物料中硫化物硫与有机硫总含量不应大于 0.014%。从窑头、窑尾高温区投加的全硫与配料系统投加的硫酸盐硫总投加量不应大于 3 000 mg/kg。

7.7.9 氧化/还原技术

7.7.9.1 原位化学氧化/还原技术及异位化学氧化/还原技术工艺流程分别见图 7.7.9-1、图 7.7.9-2。

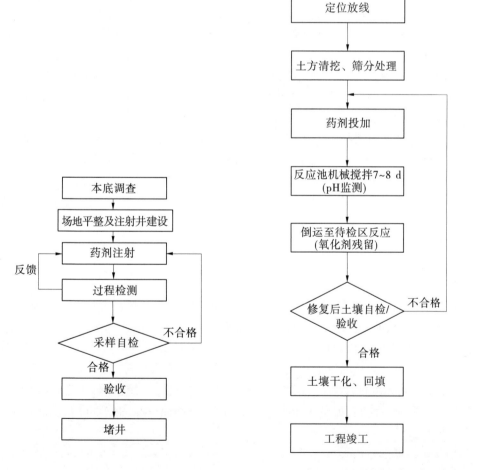

图 7.7.9-1 原位化学氧化/还原技术工艺流程 图 7.7.9-2 异位化学氧化/还原技术工艺流程

7.7.9.2 原位化学氧化/还原技术施工要求：

1. 应依据试验选择适用的药剂。

2. 依据中试试验,确定施工期药品的注入浓度、注入量和注入速率,实施过程中实时监测药剂注入过程中的温度和压力变化。

3. 药剂注入前需要通过药剂搅拌系统进行充分混合。

4. 药剂注入时控制注入速率,避免发生过热现象。

5. 非均质土壤中易形成快速通道,使注入的药剂难以接触到全部处理区域,因此均质土壤更有利于药剂的均匀分布。

6. 若存在地下基础设施(如电缆、管道等),则需谨慎使用该技术。

7.7.9.3 异位化学氧化/还原技术施工要求：

1. 为保护周边环境,应建设药剂修复污染土壤车间。

2. 挖掘污染土壤时,为保证安全,应采取分层分区倒退挖掘的方式进行施工,围栏封闭作业,设立警示标志,规避地下隐蔽设施。并做好防雨、防扬尘措施,避免造成二次扩散。

3. 土壤挖掘后,将污染土壤破碎、筛分,筛除建筑垃圾及其他杂物。

4. 筛分后的污染土壤在车间的堆放高度不宜大于 60 cm,以利于旋耕搅拌与加水厌氧。

5. 氧化反应中,向污染土壤中投加氧化药剂,除考虑土壤中还原性污染物浓度外,还应兼顾土壤活性还原性物质总量的本底值,将能消耗氧化药剂的所有还原性物质量加和后计算氧化药剂投加量。

6. 使用氧化剂时要根据氧化剂的性质,按照规定进行存储和使用,避免出现危险。

7. 根据试验,药剂每周期添加 1%;添加药剂后要加水至土壤饱和,保证厌氧 5 d;厌氧后需好氧反应 3 d,每天旋耕搅拌多个来回使修复药剂与目标污染物充分接触。

8. 工艺施工中,氧化还原电位控制在 100 mV 以下,并可通过补充投加药剂、改变土壤含水量、改变土壤与空气接触面积等方式进行调节。土壤含水量宜控制在土壤饱和持水能力的 90%以上。

7.7.10 生物通风技术

7.7.10.1 主要工艺流程及其实施要求

在需要修复的污染土壤中设置注射井及抽提井;安装鼓风机/真空泵,将空气从注射井注入土壤中,从抽提井抽出。大部分低沸点、易挥发的有机物直接随空气一起抽出,而高沸点、不易挥发的有机物在微生物的作用下,可以被分解为 CO_2 和 H_2O。在抽提过程中注入的空气及营养物质有助于提高微生物活性,降解不易挥发的有机污染物(如原油中沸点高、分子量大的组分)。定期采集土壤样品对目标污染物的浓度进行分析,掌握污染物的去除速率。同时,为避免二次污染,应对尾气处理设施的效果进行定期监测,以便及时采取相应的应对措施。

7.7.10.2 关键指标及其技术要求

1. 土壤理化性质因素。

土壤的气体渗透率:土壤的渗透率一般应该大于 0.1 达西($1\ \mu m^2 = 1.013\ 25$ 达西)。

土壤含水量：一般认为含水量达到15%~20%时，生物修复的效果最好。

土壤温度：大多数生物修复是在中温条件（20~40 ℃）下进行的，最大不超过40 ℃。

土壤的pH：大多数微生物生存的pH范围为5~9，通常酸碱中性条件下微生物对污染物降解效果较好。

营养物的含量：一般认为，利用微生物进行修复时，土壤中C:N:P的比例应维持在100:510:1，以满足好氧微生物的生长繁殖以及污染物的降解，且为缓慢释放形式时，效果最佳。一般添加的N源为NH_4^+，P源为PO_4^{3-}。

土壤氧气/电子受体：氧气作为电子受体，其含量是生物通风最重要的环境影响因素之一。在生物通风修复中，除用空气提供氧气外，还可采用H_2O_2、Fe^{3+}、NO_3^-或纯氧作为电子受体。

2.污染物特性因素。

污染物的可生物降解性：生物降解性与污染物的分子结构有关，通常结构越简单，分子量越小的组分越容易被降解。此外，污染物的疏水性与土壤颗粒的吸附以及微孔排斥都会影响污染物的可生物降解性。

污染物的浓度：土壤中污染物浓度水平应适中。污染物浓度过高，会对微生物产生毒害作用，降低微生物的活性，影响处理效果；污染物浓度过低，会降低污染物和微生物相互作用的概率，也会影响微生物的降解率。

污染物的挥发性：一般来说，挥发性强的污染物通过通风处理易从土壤中脱离。

3.土壤微生物因素。

一般认为采用生物降解技术对土壤进行修复时，土壤中土著微生物的数量应不低于10^5数量级；但是土著微生物存在着生长速度慢、代谢活性低的弱点。当土壤污染物不适合土著微生物降解，或是土壤环境条件不适于土著降解菌大量生长时，需考虑接种高效菌。

7.7.11　生物堆技术

7.7.11.1　生物堆技术施工工艺流程如图7.7.11-1所示。

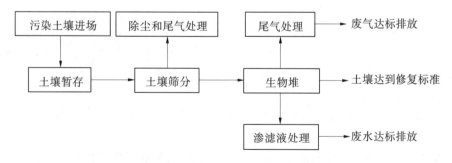

图7.7.11-1　生物堆技术施工工艺流程

7.7.11.2　挖掘后需对污染土壤进行适当预处理：土壤中重金属含量不应超过2 500 mg/L；污染物的初始浓度过高时，需要采用清洁土或低浓度污染土对其进行稀释；污染土壤本征渗透系数应不低于 10^{-8} cm²,否则应采用添加木屑、树叶等膨松剂增大土壤的渗透系数。

7.7.11.3 在堆场依次铺设防渗材料、砾石导气层、抽气管网(与抽气动力机械连接),形成生物堆堆体基础之后放置堆体。

7.7.11.4 定期监测土壤中氧气、营养、水分含量并根据监测结果进行适当调节。运行过程中应确保堆体内氧气分布均匀且含量不低于 7%,土壤中 C∶N∶P 的比例维持在100∶10∶1;土壤含水量控制在 90% 左右;温度控制在 30~40 ℃,pH 控制在 6.0~7.8。确保微生物处于最佳的生长环境,促进微生物对污染物的降解。

7.7.11.5 定期采集堆内土壤样品,了解污染物的去除速率。

7.7.12　植物修复技术

7.7.12.1 工艺流程为:场地调查→富集植物育苗→移栽→田间管理→刈割→安全焚烧→焚烧尾气处理。

7.7.12.2 为了缩短修复周期,可采用洁净土稀释污染严重的土壤或将其转移至污染较轻的地方进行混合。

7.7.12.3 苗种移栽后进行田间管理时,需根据土壤具体情况进行灌溉、施肥和添加金属释放剂。

7.7.12.4 收获的植物晾干后,通过添加重金属固定剂,再进行安全焚烧处理。

7.7.12.5 采用该技术修复时,土壤中污染物的初始浓度不能过高,必要时采用清洁土或低浓度污染土对其进行稀释,否则修复植物难以生存,处理效果受到影响。

7.8　退化土地修复工程

7.8.1　沙化土地修复工程

7.8.1.1　围栏建设工程

1. 围栏材料规格及质量应符合 JB/T 10129—2014 的相关规定。产品经农业农村部农机总站鉴定、地方质量监督检验部门颁布生产许可证及产品合格证,方可使用。

2. 刺丝(铁丝)围栏、网围栏架设工序及其要求参照 JB/T 10129—2014 的相关规定执行。

3. 枝条围栏:用 1.8~2.0 m 长的木桩做立柱,每隔 3~4 m 埋设一根,埋深 50 cm,用树枝、柴草等将立桩的地上部分编成 1.5~1.8 m 高的紧密结构篱笆,中间再用三条横带加固。

4. 石墙围栏:用块石筑成高 1 m、宽 60 cm 的围墙,围墙砌筑参照 GB 50203—2011执行。

5. 生物围栏:栽植适生灌木或灌木状小乔木 2~3 行,形成紧密结构的生物篱。

7.8.1.2　人工造林

1. 保持主林带走向垂直于主风方向,或呈小于 45° 的偏角。风蚀山丘地区,主林带方向与等高线方向保持一致。

2. 重度风蚀区农田防护林网采用疏透型,林带间距取 10~15 倍树高。基干林带以及铁路、公路干线两侧林带采用紧密型,林带间距取 8~10 倍树高。中、轻度风蚀区农田防护林网采用通风型,林带间距取 15~20 倍树高。

3. 在风口先设置与主风垂直的带状沙障,在沙障保护下,进行风口造林。

4. 风口造林应造紧密型结构的乔、灌木混交林,乔、灌木按 1:1 比例,隔株或隔行栽植。或者呈块状混交,迎风面栽灌木,背风面栽乔木。

5. 植株一般保持品字形。

6. 造林施工工艺及施工要求参照本《指南》8.2.4 节中的相关规定执行。

7.8.1.3 种草固沙施工要求参照本《指南》8.2.4 节中的相关规定执行。

7.8.2 盐碱化土地修复工程

7.8.2.1 隔盐、排盐(排水)设施施工工程

1. 施工流程为:排盐管铺设→碎石隔盐层铺设→细粒隔盐层铺设→种植土层覆盖。

2. 排盐管孔径 150~250 mm,可采用水泥渗透管或高密度聚乙烯打孔双壁波纹渗透管。

3. 排盐管平行埋设在碎石隔盐层内,位于地下水位以下。根据土地使用用途,树木按树穴纵向 5~10 m 设置一条隔盐管,草、灌类植被土壤按横向 5 m 间距设置一条排盐盲管。

4. 碎石隔盐层厚度不小于 20 cm。细粒隔盐层选用材料为珍珠岩或干净粗河沙,厚度为 10 cm。

5. 种植土层材料为改良土壤,土壤质量符合 GB/T 28407—2012 的相关规定。

7.8.2.2 改良剂改盐工程

1. 施工流程:本底调查→改良剂用量计算→改良剂撒施→混翻均匀。

2. 根据土壤盐碱程度不同,石膏改良剂用量一般为 1 500~2 000 g/m²。必须配合灌溉排水措施,以便置换出的盐分离子从土壤中淋洗排除。撒施后深翻不低于 20 cm。

3. 每降低 1 单位土壤 pH 所需硫黄粉数量一般为 100~150 g/m²。撒施后深翻不低于 20 cm。

4. 沸石粉改良剂一般用量为 100~150 g/m²。可直接撒施或配合其他改良材料、肥料撒施。撒施后深翻不低于 20 cm。

5. 泥炭改良剂用量根据土壤状况及改良目的而定。用于城市盐碱化土壤改良时,宜与粉碎树枝堆肥、硫黄、过磷酸钙及微量元素肥料等配施。通过土表撒施后深翻不低于 30 cm,树穴土改良时应取土混合后回填,回填深度不低于 60 cm。

7.8.2.3 麦糠改盐。施麦糠后深翻,施放量为 250 kg/亩,连续 3 年可将盐地基本改好。

7.8.2.4 深翻改盐:翻耕深度 0.4~0.7 m,随土壤含盐量增加而提高。重盐碱地深翻 60~70 cm;中盐碱地或 100 cm 轻盐碱地一般深翻 30~40 cm 为宜。土体没有黏土夹层的盐碱地,一般深翻 40~50 cm。

7.8.2.5 灌排(水)减盐工程

1. 开挖具有一定间距和深度的灌溉、排水沟渠,采用人工灌水压盐、洗盐的方式,有效淋洗土壤盐分。

2. 沟渠的深度一般来说应略低于植物根系深度,以保证地下水上升至植物根系以下时,就渗入沟渠成为地表水。

3. 排灌沟渠施工参照本《指南》7.2 节中相关规定执行。

7.8.2.6 植树种草减盐：种植耐盐的绿肥和植物，如田菁、草木樨、紫花苜蓿等，以及植树造林可增强植被蒸腾，降低地下水位，加速盐分淋洗，延缓或防止积盐返盐。种草、植树技术参照本《指南》8.2.4 节中相关内容执行。

7.9 土壤监测

土壤监测点位、样品采集及分析方法参照本《指南》的第 13 章相关内容执行。

8 流域水环境保护治理工程施工技术

8.1 一般规定

8.1.1 治理工程的施工必须严格按照项目工程设计、施工组织设计进行,并参照执行相关规范的技术要求。

8.1.2 就保护治理的对象而言,流域水环境保护治理工程主要包括水土保持工程、水域生态修复工程、河道治理工程以及污染水体治理工程几个大类,应根据不同项目的特点、环境地质条件、场地具体情况合理安排施工布局。

8.1.3 施工前应认真检查原材料和施工设备的主要技术性能是否符合设计要求。

8.1.4 施工布局应综合考虑各种资源、材料、构件、机械、道路、水电供应、生产、生活活动场地及各种临时工程设施,做到现场布置经济合理,能够有组织地进行文明施工。

8.1.5 施工布局要因地、因时制宜,利于生产,方便生活,合理利用土地,减少水土流失,注重环境保护,充分体现人与自然的和谐。

8.1.6 施工设施应避开严重不良地质区,受地质灾害、山洪危害或其他因素影响严重的区域。

8.2 水土保持工程施工

8.2.1 拦渣坝工程

拦渣坝工程参照 GB/T 16453.3—2008 的相关规定执行。

8.2.2 护坡工程

8.2.2.1 石笼护岸

1. 施工工艺流程:网箱、石料采购→运至现场→平整坡面→网箱填石→安装石笼→完工验收等。

2. 施工材料及工艺要求:

(1)石笼网材质及参数应符合设计要求。

(2)铺设网箱前,由人工对已完成的坡面进行清理、平整,清除大块颗粒和杂质。

(3)铺设网箱时,应自下而上进行,底边要与护坡基础严密靠拢,网片连接要为缝制式连接,上下网片要有连接线进行固定。

(4)块石的选择要符合设计尺寸要求,与设计不符的石料不得用于施工。

(5)石头的摆放要牢固、上面要平,填缝的小石块要大于网眼,否则不能使用于表面。

(6)完成装石后要进行检测,合格后进行封盖。

(7)石笼坡度控制在 1:0.5 或 1:1。

8.2.2.2 生态型混凝土护坡

1. 施工工艺流程:混凝土格梗支模→普通混凝土浇筑、振捣→混凝土养护→营养土工布铺设→生态混凝土浇筑。

2. 施工材料及工艺要求:

（1）基础支模时，按已经复核的模板边线进行支模，边模采用钢管斜撑加短桩固定，中间用钢管扣件支撑相互拉结固定。

（2）在浇筑时，混凝土宜采用斜面分层浇筑的方法，每层厚25~30 cm，分层用插入式振捣器振捣密实，防止漏振，每层应在水泥初凝时间内浇筑完毕。

（3）营养土工布卷材在安装展开前要避免受到损坏。

（4）土工布的铺设方法适宜选用人工滚铺，布面要平整，并适当留有变形余量。缝合和焊接的宽度一般为0.1 m以上，搭接宽度一般为0.2 m以上。可能长期外露的土工布，则应焊接或缝合。

（5）土工布的缝合必须要连续进行。在重叠之前，土工布必须重叠最少150 mm。最小缝针距离织边（材料暴露的边缘）至少是25 mm。

（6）生态混凝土的浇筑同普通混凝土浇筑。

（7）在种植植物之前，应使多孔混凝土表面中性化，然后在多孔混凝土中填入保水性好的土质，对植物生长必需的养分可加入多孔混凝土表面的覆土中，其覆土厚度一般为5~10 cm。

（8）生态护坡浇筑和铺设完成后需精心养护，并采取防止暴雨冲刷等措施，养护一段时间后即可直接撒种植生。

8.2.2.3 种草护坡、造林护坡施工要求参照本《指南》8.2.4节的相关规定执行。

8.2.3 防洪工程

8.2.3.1 拦洪坝

1. 碾压土坝和岸坡土坝与涵洞结合部位机械碾压不到的地方必须采用人工或蛙式打夯机夯实，铺土厚度为0.10~0.15 m，夯迹应重合1/3。坝体施工结合部位坡度应不陡于1:3，高差应小5 m。

2. 砂浆砌石体砌筑，应先铺砂浆后砌筑，砌筑要求平整、稳定、密实、错缝。块石砌筑，应看样选料，修整边角，保证竖缝宽度符合要求。

3. 涵管施工，预制涵管应由一端依次逐节向另一端套装，接头缝隙应采取止水措施，管壁附近填筑的土体应分层夯实。

4. 溢洪道施工，应沿溢洪道轴线拉槽，再逐步扩大到设计断面，修好稳定的边坡。

5. 其他具体要求参照SL 289—2003中的相关规定执行。

8.2.3.2 排洪渠

1. 开挖土方基坑时，应留够稳定边坡，以防滑塌。对松软土层，应尽量挖除，陡坡地基还应夯压加固处理。

2. 排洪渠底部和边坡都用浆砌石或混凝土衬砌。砌筑工艺总的要求是平整、稳定、密实、错缝。

3. 砌石时，应注意纵、横缝相互错开，每层原横缝厚度保持均匀，未凝固的砌层，避免震动。

8.2.3.3 排洪涵洞

1. 砌筑基础和侧墙时，土质地基可不坐浆，岩石基础应清基后坐浆，每层石料应大面向下，上下前后错缝，内外搭接，石块间均应以砂浆黏接，砌缝应随时用灰浆或混凝土填实。

2. 侧墙砌筑前,应确定中线和边线的位置。砌筑有斜面的侧墙时,应在其周围用样板挂线,砌体外层预留 2 cm 的勾缝槽。

3. 砌筑拱圈时,应以拱的全长和全厚同时由两端起拱线处对称向拱顶砌筑。相邻两行拱石的砌缝应错开,其相邻错缝距离不得小于 0.1 m。应保持拱圈的平顺曲线形状。当砂浆强度能承受住静荷载的应力时,才允许拆除支承架。

8.2.3.4 防洪堤

1. 强风化岩层堤基,要清除松动岩石,筑砌石堤或混凝土堤时基面应铺水泥砂浆,层厚宜大于 30 mm;筑土堤时基面应涂黏土浆,层厚宜为 3 mm,然后进行堤身填筑。

2. 土料碾压筑堤,用光面碾碌压实黏性土填筑层,堤身应使用机械压实。堤身全断面填筑完毕后,应做整坡压实及削坡处理。

3. 浆砌石砌筑,应采用坐浆法分层砌筑,铺浆厚宜为 3~5 cm,随铺浆随砌石。上下层砌石应错缝砌筑。

4. 混凝土筑堤,基底的土质及其密实度、基础的入土深度和底板轮廓线长度,均应符合设计要求。混凝土堤身的施工,应符合 SL 677—2014 的有关规定。

8.2.4 绿化工程

8.2.4.1 造林绿化

1. 施工工艺流程:种苗处理→整地→播种和栽植→浇水、支护→未成林抚育管护。

2. 主要施工环节及其技术要求。

(1)种苗处理要求。

种子处理要求:在病虫害比较严重的地区造林,在播种前可利用药剂进行拌种处理,或用药液进行浸种或闷种;种皮厚的种子和小粒种子可用适度热水浸种。按照 LY/T 1880—2010 的规定进行种子催芽处理。

苗木处理要求:

①苗木保护:在苗木起苗、分级、包装、运输、栽植过程中,防止苗木失水和针叶树树苗顶芽受损;苗木运抵造林地后,应及时假植。运输容器苗时,应注意根系与容器内的土壤保持密实,防止松散。

②苗木处理:根据树种可进行剪梢、截干、修枝、修根、苗根浸水、蘸泥浆等处理;也可采用生根粉、菌根剂等处理苗木。

(2)整地。

①穴状整地:穴的规格长、宽分别为 30~50 cm,深 30~40 cm 以上。整地时把杂草翻埋于穴内。在灌溉条件下造林,穴的规格一般为:长、宽分别为 50~100 cm,深 60~100 cm。

②带状整地:畜力或机带单铧犁、双铧犁隔带翻耕,耕深 23~30 cm,保留间隔带的自然植被。

③畦状整地:人工或机械修筑畦埂,每隔 15~30 m 筑一拦水埂,畦大小控制在 200 m² 畦内平整,高差不超过 5 cm。埂宽 30~50 cm,埂高 20~30 cm。

(3)播种和栽植。

①播种造林:条播、点播或撒播。大粒种子可直接播种,小粒种子应拌沙播种。播后覆土、填压,大粒种子覆土 3~4 cm,小粒种子覆土 1~2 cm。撒播时,种子要撒布均匀。播种量根据立地条件、种子质量和造林密度等确定。

②植苗造林:植苗技术采用 GB/T 15776—2016 中 10.1 的有关规定。

③插干、插条造林:插干一般用截根苗干或萌生枝,要求长 2~3.5 m,干径 3 cm 以上。埋植深度 80~100 cm。插条造林用 1~2 年生的健壮萌生条,插条长 30~80 cm,直径 1.5~2.0 cm。造林时应深埋少露。

(4)浇水、支护施工要求。

①种植后应在略大于种植穴直径的周围,筑成高 10~15 cm 的灌水土堰,坡地可采用鱼鳞穴式种植。

②浇水时应防止因水流过急冲刷裸露根系或冲毁围堰,造成跑漏水。浇水后出现土壤沉陷,致使树木倾斜时,应及时扶正、培土。

③新植树木应在当日浇透第一遍水,以后应根据当地情况及时补水。

④秋季种植的树木,浇足水后可封穴越冬。

⑤种植胸径 5 cm 以上的乔木,应设支柱固定。支柱应牢固,绑扎树木处应夹垫物,绑扎后的树干应保持直立。

⑥风蚀严重的地区造林,为防止沙打沙割对幼树的危害,用柴草或枝条等将地面以上 40~50 cm 的幼树树干包扎。

(5)未成林抚育养护要求按 GB/T 15776—2016 中的相关规定执行。

8.2.4.2　坡面种草绿化

1.一般规定。

(1)结合地形和天然水系,施工前在裸露的坡面完成临时排水设施,确保排水畅通。

(2)清理坡面所有浮石和杂物,对坡面局部小挖坑和孔洞回填压实,确保坡面平顺。

(3)固土:平面网、立体网应从上往下布设,松紧适度;混凝土格构在浇筑过程中应捣实,预制格室、土工格室铺设完成后宜填土压实;现浇的飘台、种植槽宜与坡面贴附紧实;鱼鳞坑宜自上而下随形就势挖掘。植生带和生态袋施工应在稳定基础层上进行,从下往上码放,并人工夯实。

2.种草施工工艺流程:草种选择→种子处理→整地→播种→养护等。

3.施工要求。

(1)草种类型:可选择沙打旺、紫花苜蓿、黄花苜蓿、白花草木樨、鹰嘴紫云英、小冠花、白茅、狗尾草、马唐、虎尾草等。

(2)草种质量要求:成熟饱满、净度在 95% 以上、发芽率在 90% 以上。

(3)种子处理要求:

①使用根瘤菌、植物生长调节剂、吸水剂磷肥、稀土肥料等对种子进行丸衣化处理。

②带芒的禾草种子,用去芒器或碾压法去芒。

③硬实率高的种子,采用温水浸种或化学处理的方法打破休眠。

④播前曝晒 30~120 h,以加速种子的后熟,提高发芽率。

⑤用各种驱避剂、灭鼠剂进行拌种处理,防止虫、鸟、兽等危害。最好采用无公害产

品。

（4）播种。

①大粒种子直接撒播或喷播；小粒种子用干沙均匀拌种，撒播或喷播，也可条播。

②若采用条播方式，小粒种子播深一般为 $1\sim2$ cm；大粒种子一般为 $2\sim4$ cm。播后及时填压。

③经验播种量一般为：小粒种子 $7.5\sim15$ kg/hm^2；大粒种子 $30\sim45$ kg/hm^2。

（5）工程完工后，应进行必要的养护、施肥、灌溉、修剪，保证植物正常生长，使坡面安全稳定。

4. 坡面绿化应符合 GB/T 38360—2019 的要求。

8.3　水域生态修复工程施工

水域范围是河流、湖泊堤岸以内水面覆盖的区域。

8.3.1　水质净化

8.3.1.1　物理方法

1. 人工打捞

人工打捞水体内的藻类、树叶、枯草、垃圾，消除水体内源污染。

2. 底泥疏浚

施工前要确定疏浚的范围和深度。底泥疏浚参照 JTJ 319—1999 执行。

8.3.1.2　化学方法

向污染水域投放化学药剂去除污染因子，往往会造成二次污染，一般作为临时应急措施使用。主要化学药剂包括杀藻剂、混凝剂等。

1. 除藻消毒

向水中投加各种杀藻剂（如漂白粉、次氯酸钠等），杀死藻类，抑制藻类暴发，改善水体的透明度。混凝剂通常配合杀藻剂同时使用，常用混凝剂有聚丙烯酰胺（PAM）、氯化铁等。

2. 混凝沉淀

对于污染严重、较为封闭的水域，可向水中投加混凝剂去除水体中污染物，改善水质。常用药剂有硫酸亚铁、氯化亚铁、硫酸铝、碱式氯化铝、明矾、聚丙烯酰胺、聚丙烯酸等。

3. 重金属的化学固定

对于重金属严重超标的水域，加入碱性物质将底泥的 pH 控制在 $7\sim8$，可以抑制重金属以溶解态进入水体。常用的碱性物质有石灰、硅酸钙炉渣、钢渣等，施用量依据底泥中重金属的种类、含量及 pH 的高低而定。

8.3.1.3　生物—生态修复

利用微生物、植物等生物的生命活动，对水中污染物进行转移、转化及降解，最大程度地恢复水体的自净能力，使水质得到净化。

1. 曝气复氧

（1）自然曝气复氧，利用河道自然落差或因地制宜地构建落差工程（瀑布、喷泉、假山等）来实现跌水充氧，或利用水利工程提高流速来实现增氧。

（2）人工曝气复氧，向处于缺氧（或厌氧）状态的河道进行人工充氧，增强河道的自净能力，净化水质，改善或恢复河道的生态环境。

2. 生物膜法

（1）生物膜法污水处理主要的工艺流程为：生物膜系统配置、放置→进水→生物膜培养→生物膜驯化（污水处理）→排水。

（2）生物膜系统配置要求参照 HJ 2010—2011 相关规定执行。

（3）结合河道污水的性质和污染物浓度，选择生物膜法的工艺类型，一般污染河水宜选择 A/O 生物膜法。

（4）生物膜系统的核心部分是反应器内的填料，填料决定了反应器挂膜效果的好坏。可根据污染河流土著微生物类型和生长特点来确定，常见的有悬浮填料、半软性填料、软性填料和陶粒填料等。

（5）为防止生物膜堵塞和损毁，污水进入生物膜反应器之前，应除去毛发、植物纤维、尖锐颗粒等杂物。

（6）回排水水质，应满足设计及 GB 50014—2006 的相关规定。

8.3.2 水域生态多样性恢复

8.3.2.1 水生植物群落

水生植物群落多样性修复适用于流速缓慢、河岸带缓坡、水深小于 3 m、岸线复杂性高的河段。

1. 挺水植物

种植密度以 2~10 丛/m² 为宜，选择所在区域常见植物，如香蒲、芦苇等。

2. 沉水植物

种植密度以 30~100 株/m² 为宜。选择不同季相的沉水植物，采用草甸种植、播撒草种、扦插等方式种植。

8.3.2.2 水生动物群落

适用于流速缓慢、河岸带缓坡、水深小于 1 m、岸线复杂性高的河段。

1. 首先选择修复水生昆虫、螺类、贝类、杂食性虾类和小型杂食性蟹类，待群落稳定后，可引入本地肉食性鱼类。

2. 底栖动物选择所在区域常见物种，动物选择不同季相的种类。

3. 投放时注意流速的稳定，同时进行防浪隔离和杂食性鱼类隔离。

8.3.3 人工湿地

8.3.3.1 通过工程措施削低过陡或过高的地貌，平整局部地形，加入土壤和填料，营建浅滩，构成基质。

8.3.3.2 水域恢复

通过工程措施对水体形状、规模、空间布局进行调整，扩挖、沟通小水面，扩大水面浸润区域，增加淹水面积。

8.3.3.3 基质恢复

通过工程措施对营养贫瘠区域回填壤质土，增强湿地基质储存水分和营养物质的能力，土壤贫瘠的开阔区分层回填，栽植植物时也可挖掘不同规格的种植坑回填壤土。

8.3.3.4 岸坡恢复

通过工程措施进行岸坡恢复再造。较陡的岸坡打入木桩护坡,需要稳固的岸坡邻近水边地段采用块石护坡,同时结合生物工程护坡。施工参照本《指南》8.2.2节及8.4.2节的具体规定。

8.3.3.5 种植水生植物

在基质上种植水生植物,主要以该区域常见的水生植物(如芦苇、香蒲、美人蕉、菖蒲、旱伞草、梭鱼草等)为主。

8.3.4 生态浮岛

生态浮岛也称为生态浮床。典型的浮岛由框体、床体、基质、植物构成。

8.3.4.1 构建人工浮岛

1. 在富营养化及有机污染的水域,用木头、竹子、泡沫、塑料等轻质材料制作并搭建人工浮岛,作为种植水生植物的载体。

2. 浮岛框体应采用木材、毛竹、PVC管等材料,要求坚固、耐用、抗风浪;床体应采用浮力强大、性能稳定的泡沫板;基质可采用弹性足、固定力强、不腐烂、不污染水体的海绵、椰子纤维等材料,用于固定植物植株。

3. 浮岛应由多个独立的浮元经连接件组合而成,其上设置直径大小不等、间距不一的若干圆孔作为栽植孔,其边缘设置连接孔。

8.3.4.2 种植水生植物

以浮岛作为载体,按照自然规律,在水面上种植水生植物。常用的水生植物有美人蕉、泽苔、香蒲、菖蒲、旱伞草、红莲子草、细叶莎草、千屈菜、芦苇香菇草、水芹、鸢尾、睡莲等。

8.3.4.3 浮岛的维护

定期对浮岛体进行维护,使其保持较好的稳定性,经久耐用。种植的水生植物也应定期养护,预防病虫害。

8.3.5 砾石床

8.3.5.1 在河道中适当位置用砾石垒筑生态滤床,抬高上游水位,通过控制上、下游水位差来调节床体的过水流量。

8.3.5.2 在床体上种植高效脱氮除磷植物,通过植物的根系及砾石吸附、微生物作用去除河流中的营养物质。植物应选用根系发达、株秆粗壮、枝叶茂盛的种类,如美人蕉、香蒲、香根草、菖蒲、再力花、芦苇等。

8.3.5.3 加强管护,预防砾石床堵塞,保证渗流畅通,净化效果良好。

8.3.6 人工建筑物景观

8.3.6.1 水边建筑物景观

结合周边环境,因地制宜建设人工码头、景观亭等水边建筑物,以木质结构为宜。

8.3.6.2 跨水建筑物景观

结合工程实际,建造曲桥、观水栈道、长廊等跨水建筑物。

8.3.6.3 观景亭、观水栈道、长廊等建筑物施工参照相关标准执行。

8.4　河道治理工程施工

8.4.1　堤防工程

8.4.1.1　堤基处理

1. 软弱堤基处理

对浅埋的薄层软黏土宜挖除;当厚度较大难以挖除或挖除不经济时,可采用铺垫透水材料、在堤脚外设置压载、打排水井等方法处理。

2. 透水堤基处理

浅层透水堤基宜采用黏性土截水槽或其他垂直防渗措施截渗。透水层较厚且临水侧有稳定滩地的堤基宜采用铺盖防渗措施。严重透水堤基上的重要堤段,可设置地下截渗墙、防渗帷幕。

3. 强风化或裂隙发育的岩石堤基应做防渗处理。岩溶地区要查清情况,填塞漏水通道。

8.4.1.2　堤身施工

1. 堤身结构应满足防汛和管理的要求。筑堤材料的选择上,均质土堤应选用亚黏土,砂砾料应耐风化、水稳定性好,石料抗风化性能好。

2. 护坡与坡面排水

(1)土堤堤坡宜采用草皮等生态护坡;受水流冲刷或风浪作用强烈的堤段,临水侧坡面可采用砌石、混凝土等护坡形式。

(2)砌石、混凝土等护坡与土体之间应设置垫层。垫层可采用砂、砾石或碎石、石渣和土工织物,砂石垫层厚度不应小于 0.1 m。风浪大的堤段的护坡垫层可适当加厚。

(3)浆砌石、混凝土等护坡应设置排水孔,孔径可为 50~100 mm,孔距可为 2~3 m,宜呈梅花形布置。浆砌石、混凝土护坡应设置变形缝。

(4)砌石、混凝土护坡在堤脚、戗台或消浪平台两侧或改变坡度处,均应设置基座,堤脚处基座埋深不宜小于 0.5 m。护坡与堤顶相交处应牢固封顶,封顶宽度可为 0.5~1.0 m。

(5)高于 6 m 的土堤受雨水冲刷严重时,宜在堤顶、堤坡、堤脚以及堤坡与山坡或其他建筑物结合部设置排水设施。

(6)平行堤轴线的排水沟可设在戗台内侧或近堤脚处。坡面竖向排水沟可每隔 50~100 m 设置一条,并应与平行堤轴向的排水沟连通。

堤防工程施工的其他具体要求参照 SL 260—2014 执行。

8.4.2　堤岸防护工程

按形式一般分为四类:坡式护岸、坝式护岸、墙式护岸、其他形式护岸。

8.4.2.1　坡式护岸

坡式护岸包括上部护坡和下部护脚。上部护坡工程的施工参照本《指南》8.2.2 节执行,下部护坡工程的施工参照本《指南》SL 260—2014 中 9.2 节的相关规定执行。

8.4.2.2　坝式护岸

坝式护岸详见本《指南》8.4.3 节控导工程。

8.4.2.3 墙式护岸

1.墙式护岸沿长度方向设置的变形缝,钢筋混凝土结构护岸缝间距可为15~20 m,混凝土、浆砌石结构护岸缝间距可为10~15 m。

2.墙式护岸在墙后与岸坡之间应回填砂砾石。在水流冲刷严重的河岸,墙后回填体的顶面应采取防冲措施。

8.4.2.4 其他形式护岸

其他形式护岸主要为桩式护岸。

1.透水式桩间的施工,应以横梁连系并挂尼龙网、铅丝网、竹柳编篱等构成屏蔽式桩坝;桩间及桩与坡脚之间可抛块石、混凝土预制块等护桩护底防冲。

2.枊槎坝的施工,可采用木、竹、钢、钢筋混凝土杆件做枊槎支架,可选择块石或土、砂、石等作为填筑料,构成透水或不透水的枊槎坝。

3.生物防护措施,如防浪林台、防浪林带、草皮护坡的施工要求见本《指南》8.2.4节。

8.4.3 控导工程

控导工程依据坝型分为丁坝、顺坝、透水桩坝、锁坝和潜坝等。

河道治理工程的坝体一般采用土石坝,其施工参照DL/T 5029—2012执行。

8.4.4 疏挖工程

8.4.4.1 疏挖河段的河槽设计中心线应与主流方向相一致,夹角不宜超过15°。开挖中心线保持为光滑平顺的曲线。

8.4.4.2 疏挖河段的河底高程宜与现状河床高程一致,不能轻易改变原有的河道比降。

8.4.4.3 疏挖的横断面一般为梯形,对多功能利用的河道也可以疏挖成复式断面。

8.4.4.4 疏挖段的进、出口处保持与原河道渐变连接。

8.4.5 生物工程

保护河道治理工程安全和生态环境的生物工程,可采用防浪林、护堤林、草皮护坡等。

8.4.5.1 防浪林

1.防浪林的施工,应采用乔木、灌木、草本植物相结合,构成立体生物防浪工程。

3.防浪林的苗木宜选择耐淹性好、材质柔韧、树冠发育、生长速度快的杨柳科或其他适合当地生长的树种。

8.4.5.2 护堤林

1.堤坝的背水面可种植乔木,堤坝的迎水面宜栽植或扦插灌木类。

2.护堤林的苗木宜选择生长迅速、根系发达、枝叶茂密,能促进排水和固持土壤的树种。

8.4.5.3 草皮护坡

1.种植草坪有草皮移植法和播种法两种。

2.采用草皮移植法时,铺设草皮之前,应对边坡进行平整清理,使表层土疏松。铺设草皮时,应按照从下到上的顺时序铺设,并保持铺设后草皮面平整。

3.采用播种法种草时,先对边坡土地进行平整与耕翻,使土层厚度至少达到30 cm,并施基肥。播种后覆薄层土填压,用草苫子进行覆盖。

4.播种后24 h内进行第一次喷灌,喷湿土壤5~10 cm,一天喷2~3遍,保证坪床湿润,直至种子发芽;发芽后 20 d 内,保证每 2~3 d 对草坪进行一次喷灌,之后每 3~5 d 对草坪进行一次喷灌,直至成坪。

8.5 污染水体治理施工

8.5.1 截断污染源

8.5.1.1 截污纳管工程

1. 截污纳管工程,将治理水体周边排放的污水收集并接入城镇污水处理厂,从源头上减少污染。

2. 截污纳管管材可采用 PVC 管及混凝土管,根据水质及施工条件合理选用。

3. 截污纳管管径规格、沟槽挖填、管道铺设等施工要求参照 GB 50268—2008、GB 50141—2008 相关规定执行。

8.5.1.2 封堵排污口工程

对未进行达标排放的入河排污口进行封堵处置,封堵材料宜采用混凝土。混凝土浇筑、振捣、养护等施工要求参照本《指南》6.2.5 节及 SL 677—2014 相关规定执行。

8.5.2 清理垃圾

8.5.2.1 人工打捞并清理水面垃圾,主要包括植物落叶、枯草、水体水生植物、生活垃圾等。

8.5.2.2 清运污染水体周边堆放的生活垃圾及其他固体废弃物。

8.5.3 底泥疏浚

施工前要确定疏浚的范围和深度。

底泥疏浚分为机械清淤和水力清淤。底泥疏浚按照 JTJ 319—1999 的要求执行。

8.5.4 曝气充氧

8.5.4.1 根据工程特点选择适当的曝气装置,数量及安装位置考虑污染水体的规模。

8.5.4.2 曝气充氧设备的安装及使用过程中,尽量减少对生物生长的扰动。

8.5.5 种植水生植物

8.5.5.1 包括主要挺水植物和沉水植物,以种植区域上常见的挺水植物为主。条件适合时可在沉床上种植沉水植物。

8.5.5.2 水深大于 80 cm 的水域适合种植荷花;水深 50~80 cm 的水域适合种植芦苇、香蒲、水葱;水深 20~50 cm 时,适宜种植的植物有芦苇、香蒲、水葱、黄菖蒲、旱伞草、梭鱼草等。

8.5.5.3 种植密度:荷花 4~5 株/m²,芦苇 15~20 株/m²,香蒲 20~25 株/m²,水葱 8~12 丛/m²,黄菖蒲 20~25 丛/m²,旱伞草 10~15 株/m²,梭鱼草 15~20 株/m²。

8.5.6 人工湿地

人工湿地工程施工执行本《指南》8.3.3 节的具体规定。

8.5.7 生态浮岛

生态浮岛工程施工执行本《指南》8.3.4 节的具体规定。

8.5.8 化学处理

参照本《指南》8.3.1 节的规定执行。

9　生物多样性保护修复工程施工技术

9.1　水生生物多样性保护工程

9.1.1　就地保护工程
9.1.1.1　一般规定

（1）自然保护区管护基础设施建设应严格执行《中华人民共和国自然保护区条例》的有关规定，符合自然保护区总体规划的要求。

（2）自然保护区建设应充分利用原有的各项工程设施。同时，要与保护区内的其他林业重点建设工程(如天然林资源保护工程、退耕还林工程等)相结合，不得重复建设。

（3）建设项目不得破坏自然资源、自然景观和保护对象的生长栖息环境，不得造成新的环境污染。

（4）自然保护区各项建设应同当地的自然景观和谐一致，并体现地方风格和民族特色，尽量采用太阳能、风能、沼气等清洁能源，区内的供电等线路应尽量地下铺设。

（5）保护区管护设施设备施工技术参照 HJ/T 129—2003、GB 50300—2013、GB 50666—2011、GB 50202—2018、GB 50203—2011、GB 50204—2015 等相关标准执行。

9.1.1.2　标桩、标牌施工要求

（1）区界性标桩间隔距离一般为 500~1 000 m，人类活动较频繁的地区或转向点，应适当加密。

（2）在进入自然保护区境界或在功能分区区界的显要位置，设置区界性标牌。一般设置 1 个自然保护区境界标牌，介绍自然保护区的名称、范围、主要保护对象、保护意义、保护要求、管理机构等内容。

（3）标桩、标牌采用鲜明底色，易识别，文字通俗易懂，清晰明显。应采用标准字体阴刻。

（4）边界标识牌材质：为保证坚固长久耐用，宜采用天然石材。

（5）边界标识牌规格：大小以 0.60 m×1.00 m~1.00 m×1.50 m 为宜。用条形石制作埋设，地面部分不小于 0.4 m。

（6）区界性标桩以坚固耐用的材料制作，一般以水泥预制件为主，长方形柱体，柱体平面长 0.24 m、宽 0.12 m，露出地面 0.5 m，埋入地下深度根据具体情况确定，注明自然保护区或自然保护区功能区的全称及标桩序号。

（7）标牌以木材或金属材料制作。区界性标牌的牌面为 0.68 m×1 m、1.36 m×2 m、2.4 m×3.5 m 不同规格，贴近地面设置，或牌面底部距地 1 m 设置；其他标牌的牌面为 0.68 m×1 m、1.36 m×2 m 不同规格，牌面底部距地 1 m 设置。

9.1.1.3　道路建设及施工要求

（1）自然保护区的道路分为干道、巡视便道和小道：干道路面宽度 6~8 m；巡视便道为砂土路面；小道为自然行人道或人工修筑阶梯式道路，路面宽度 1.0~1.5 m。

（2）自然保护区旅游区的内部交通应以小道为主。

（3）自然保护区的道路不得改变河流或溪流的流向。在沼泽地、坡地、地表松软或分布有苔原植被的特殊地段，应架设搭桥，宽度为 1.0~1.5 m，高度为 0.5~1.0 m。

（4）在有危险性的路段，应设置护栏、护网、隔墙、扶手、台阶等安全防护设施。

（5）各级道路施工要求参照 GB/T 51224—2017、JTG/T F20—2015 有关规定执行。

9.1.1.4　建筑物工程施工要求

（1）自然保护区内的建筑物，外表要与周围自然环境相协调，不得用瓷砖、玻璃墙、大理石等贴面，不得用鲜明的颜色。

（2）自然保护区内建筑物高度一般不超过树冠层。

（3）野生动物观察亭（台）、哨所，以竹、木、砖、石等材料为主。

（4）监视塔、瞭望台（楼）等瞭望设施的设置，必须视野宽阔，控制范围广。设置位置、结构形式和高度，应顺应自然地形地势条件。

9.1.2　迁地保护工程

9.1.2.1　一般要求

（1）场馆净空要求：鲸类饲养场馆净空高度应大于 3.5 m，表演场馆净空高度应大于 7.5 m；鳍足类动物饲养场馆净空高度应大于 3.5 m。

（2）各类水池内壁应光滑，采用无毒、附着牢固的防水涂层。内壁四周应设置进水口、出水口和溢水口。进水口位于水面以下，并与内壁形成一定倾角，以便使池水旋转。出水口位于底部。

（3）水族馆应配备适当的水处理设施，以保证供给水符合 SC/T 9411—2012 的要求。

（4）水族馆应具备配电系统及发电设备，满足不间断供电要求。

（5）水族馆应具有与所饲养的水生哺乳动物相匹配的维生系统，包括动力循环系统、过滤系统、杀菌系统、温度控制系统、供电设施、设备控制系统以及配水、储水设施等。

（6）室内设施根据饲养动物的需要配备通风设施。

（7）应有足够的污水、废物处理设施。

9.1.2.2　水族箱施工要求

（1）建设所需的浮法玻璃、密封胶、灯具、附属电路等材料，应符合 SC/T 6032—2007 中 4.0 的相关规定。

（2）水族箱的箱体与底座之间应采用安全可靠的缓冲措施，以防止水族箱在加满水时，底座或支持物的瑕疵造成受力不均而产生破裂。

（3）水容量在 1.0 m³ 以上水族箱的箱体应采用框架加固措施。

（4）使用上顶盖式过滤器的水族箱，应安装溢流结构，并采取可靠的防护措施，以防止水渗入到电器系统中。

（5）水族箱底座的强度应能承受水族箱加满水后总质量的 1.25 倍。

（6）水族箱的顶盖应设置保持通风、散热的措施。

（7）水族箱应设置漏电保护措施。

9.1.2.3　水族馆展馆建筑物工程施工技术参照 GB 50300—2013、GB 50666—2011、GB 50202—2018、GB 50203—2011、GB 50204—2015 等相关标准执行。

9.1.3　种族资源保护工程

9.1.3.1　规范外来生物引进行为,建立外来物种入侵防控预警体系,具体参考 HJ 624—2011 实施。

9.1.3.2　外来入侵水生植物治理措施有:人工打捞方式去除;释放专食性天敌昆虫进行控制;暂时排水的方法使之脱离水源而致其死亡等。慎施除草剂,避免污染水体。

9.1.3.3　外来入侵水生动物治理措施:严格规范人为引种和传播途径;养殖场、池塘等养殖场所应做好严格的隔离制度,防止动物逃逸;不选择外来物种动物进行放生活动,防止扩散到自然水系等。

9.1.3.4　对引进的相关物种,做好防疫跟踪复核,一旦发现疫情,可参考《中国外来入侵物种名单》采取相应措施进行防治。

9.1.4　水生生境修复工程

9.1.4.1　生态湿地修复工程施工要求按本《指南》第 11 章相关规定执行。

9.1.4.2　洄游通道建设与恢复工程

1. 洄游通道的清理与疏通,施工要求按本《指南》8.4 节及《湖泊河流环保疏浚工程施工技术指南(试行)》的相关标准执行。

2. 过鱼设施建设要求:

(1)过鱼设施的级别应根据其与水工建筑物的结合情况确定。过鱼设施与水电工程主要建筑物相结合部分施工级别与该水工建筑物相同,其余不结合部分及独立的过鱼设施可按水工次要建筑级别进行施工。

(2)过鱼设施的施工要求参照 NB/T 35054—2015、GB/T 27638—2011、JTJ/T 294—2013、GB 50666—2011 等标准执行。

9.1.4.3　水生生物增殖放流

1. 一般要求:

(1)用于增殖放流的人工繁殖的水生生物物种,应当来自有资质的生产单位。其中,属于经济物种的,应当来自持有《水产苗种生产许可证》的苗种生产单位;属于珍稀、濒危物种的,应当来自持有《水生野生动物驯养繁殖许可证》的苗种生产单位。

(2)用于增殖放流的亲体、苗种等水生生物应当是本地种。禁止使用外来种、杂交种、转基因种以及其他不符合生态要求的水生生物物种进行增殖放流。

(3)用于增殖放流的水生生物应当依法经检验检疫合格,确保健康无病害、无禁用药物残留。

(4)增殖放流应当遵守省级以上人民政府渔业行政主管部门制定的水生生物增殖放流技术规范,采取适当的放流方式,防止或者减轻对放流水生生物的损害。

(5)渔业行政主管部门应当在增殖放流水域采取划定禁渔区、确定禁渔期等保护措施,加强增殖资源保护,确保增殖放流效果。

2. 增殖放流实施流程:水域选择→本底调查→投放物种确定→投放物种检验→包装与运输→投放物种验收→物种投放→投放效果评估。

3. 增殖放流实施要求参照 SC/T 9401—2010 及 DB11/T 871—2012 的相关规定执行。

9.1.4.4　水生动植物群落构建工程施工要求参照 SL 709—2015、《湖泊流域入湖河流河道生态修复技术指南(试行)》的相关标准实施。

9.2　陆生生物多样性保护工程

9.2.1　就地保护工程

9.2.1.1　自然保护区建设工程

施工技术参照本《指南》9.1.1节的相关标准执行。

9.2.1.2　自然公园建设工程

1. 自然公园建设应遵循保护优先的原则,不得破坏所在区域生态系统或文化景观的完整性和真实性,确保资源的可持续利用。

2. 自然公园内的建筑建设不破坏当地文物、地质遗迹、自然水系、湿地及森林等。

3. 建筑物应充分利用场地自然条件,充分利用自然通风和天然采光,充分保护和利用原有场地上有价值的树木、水塘、水系等。对功能相近的建筑,应尽量联建或合建。

4. 建筑物及附属物建设宜采用石材、木材等自然材料,其建筑尺度应与周边环境相协调。

5. 自然公园包括国家森林公园、国家地质公园、国家矿山公园、国家湿地公园等,因此自然公园建设可参照 DB44/T 1812—2016、LY/T 1755—2008、DB61/T 989—2015 等相关标准执行。

9.2.1.3　饮用水水源地保护工程

1. 饮用水水源地保护区内保护工程参照 HJ/T 433—2008、HJ 773—2015 等相关标准执行。

2. 水源地保护区外植被防护工程施工参照本《指南》8.2.4节相关要求执行。

9.2.2　迁地保护工程

9.2.2.1　动物园建设工程

1. 动物园的废水、废气、固体废弃物处理设施应与建筑同时施工,并应符合现行行业标准 CJJ 27—2012 的有关规定。

2. 动物笼舍、动物医院、医疗室、饲料加工场、储存场和草库的建设标准应符合 CJJ 267—2017 的有关规定。

3. 动物园展馆、道路、给排水等建设工程具体施工技术参照 GB 50300—2013、GB 50666—2011、GB 50202—2018、GB 50203—2011、GB 50204—2015 等相关标准执行。

9.2.2.2　植物园建设工程

1. 一般要求:

(1)植物种植土壤的理化性状应符合相关的土壤标准,满足雨水渗透的要求,其指标可按现行行业标准 CJ/T 340—2016 的规定执行。

(2)对有毒有害的植物应采取防护和隔离措施。

(3)温室植物工程应根据温室植物种类选择及室内环境条件(温度、光照、湿度、土壤、植被等),模拟自然界的植物群落进行施工。

(4)建筑施工应尽量利用和发展新材料、新技术、新工艺,满足节能环保的要求。

(5)展览温室结构应采用钢结构、铝合金结构等高强、轻质的大跨度结构体系。

（6）温室围护结构材料应选择抗腐蚀和锈蚀的建材,具有较好的保温隔热性能,并需经防火处理。

（7）展览温室屋面结构节点应满足维修维护及植物吊装使用要求,预留荷载不宜小于 50 kg/节点。

（8）标本库应设置有过滤措施的新风系统,防止标本发生霉变。

（9）导览、标识系统的安装应稳固,不应对植物造成损害,满足抗风、抗拔、抗撞击等要求。

2. 植物园展馆、道路、给排水等建设工程具体施工技术参照 GB 50300—2013、GB 50666—2011、GB 50202—2018、GB 50203—2011、GB 50204—2015 等相关标准执行。

9.2.2.3　野生动植物救护繁育中心建设工程

1. 对珍稀濒危动植物进行繁育,以保护物种资源;对由于自然灾害或人为原因造成伤病、受困、迷途的野生动物实施救治和保护;开展野生动植物科学研究和开发利用工作;进行野生动植物疫源疫病监测、防控工作。

2. 野生动植物救护繁育中心常规的房屋、道路、给排水、电气等建安工程施工技术参照国家、行业、地方标准相关条款执行。动植物医院、手术室、温室、种子库等特殊场所设施建设施工要求参照 CJJ/T 300—2019、CJJ 267—2017 相关标准执行。

9.2.3　种质资源保护工程

9.2.3.1　种质资源保护库建设参照 CJJ/T 300—2019、CJJ 267—2017 相关标准执行。

9.2.3.2　规范外来生物引进行为,建立外来物种入侵防控预警体系,具体参考 HJ 624—2011 实施。

9.2.3.3　外来入侵植物治理措施

1. 人工去除:参考《中国外来入侵物种名单》,马缨丹、加拿大一枝黄花、银胶菊等陆生植物可采取在雨后或开花前人工拔除的方法进行去除。

2. 机械防治:对于蒺藜草、圆牵牛花等可采用割草机进行刈割,施工时间应在苗期进行,以防治其开花结果导致自然传播扩散。

3. 化学防治:绝大部分陆生植物都可采用 2-4D 丁酯、绿麦隆等除草剂喷雾防治。所有叶面均应喷雾,防除效果较好。化学药剂的选择参考《中国外来入侵物种名单》。

9.2.3.4　外来入侵动物治理措施

1. 对于引进的食用或观赏类动物,应严格人为引种和传播途径,养殖场所应做好严格的隔离措施,防止动物逃逸;不选择此类动物进行放生活动,防止扩散到自然界。

2. 对于美国白蛾、悬铃木方翅网蝽等病虫害物种,防控方法为:

（1）加强对疫情的检疫封锁,限制从国内美国白蛾、悬铃木方翅网蝽等疫情发生区引进和调运棕榈科等寄宿植物或从国外疫区进口相关的植株和种苗。

（2）在引进这些大型植物体的时候,要实施严格、细致的检疫措施,一旦发现有虫的植株,需销毁处理。

（3）对引进的相关植物体,做好防疫跟踪,一旦发现疫情,可参考《中国外来入侵物种名单》(第二批)采取相应措施进行防治。

9.2.4　陆生生境修复工程

9.2.4.1　生态廊道及野生动物迁徙通道建设工程

1. 生态廊道工程施工要求参照本《指南》10.2 节相关标准执行。

2. 野生动物迁徙通道建设参照《中华人民共和国国家野生动物保护法》执行。

9.2.4.2　林地生态景观修复工程

1. 林地树木栽培施工技术参照 GB/T 15776—2016 及 DB41/T 909—2014 执行。

2. 林间及林周草地播种施工技术参照本《指南》8.2.4.2 节相关规定执行。

9.2.4.3　滨湖带生态修复工程

施工要求按照本《指南》8.3.2 节、《湖滨带生态修复工程技术指南(试行)》、《湖泊流域入湖河流河道生态修复技术指南(试行)》等相关标准执行。

9.2.4.4　农田生态系统修复工程

1. 农田生态系统修复工程包括:农业面源污染综合防治;土壤污染修复;沙漠化防治;农村农田道路修复改造;农田防护林带建设;农村污水治理;农村景观环境改造;高标准农田建设等。

2. 农业面源污染综合防治根据《重点流域农业面源污染综合治理示范工程建设规划(2016—2020 年)》实施。

3. 土壤污染修复参照本《指南》7.7 节中相关要求实施。农村、农田道路修复改造参照本《指南》7.3 节中相关要求实施。

4. 农田防护林带建设参照河南省地方标准 DB41/T 766—2012 实施。

5. 农村污水治理按照 HJ 2015—2012 实施。高标准农田建设按照 NY/T 2949—2016 实施。

9.2.4.5　草原生态景观修复有近自然修复技术、人工促进修复技术及综合修复技术三类,具体可参照 NY/T 1237—2006、NY/T 1176—2006、NY/T 1343—2007 的相关规定执行。

9.3　植物多样性保护工程

9.3.1　树木种植工程

9.3.1.1　应根据树木的习性和当地的气候条件,尽量选择最适宜的种植时期进行种植。

9.3.1.2　种植时应按设计图纸要求核对苗木品种、规格及种植位置。

9.3.1.3　种植带土球树木时,不易腐烂的包装物必须拆除。

9.3.1.4　珍贵树种应采取树冠喷雾、树干保湿和树根喷布生根激素等措施。

9.3.1.5　种植时,根系必须舒展,填土应分层踏实,种植深度应与原种植线一致。

9.3.1.6　树木种植要求参照本《指南》中 8.2.4 节的相关规定执行。

9.3.2　草坪、花卉种植工程

9.3.2.1　草坪种植应根据不同地区、不同地形选择播种、分株、茎枝繁殖、植生带、铺砌草块和草卷等方法。

9.3.2.2　草坪播种应符合下列要求:

1. 选择优良种子,不得含有杂质,播种前应做发芽试验和催芽处理,确定合理的播种量。

2.播种时应先浇水浸地,保持土壤湿润,稍干后将表层土耙细耙平,进行撒播,均匀覆土 0.30~0.50 cm 后轻压,然后喷水。

3.播种后应及时喷水,水点宜细密均匀,浸透土层 8~10 cm,除降雨天气,喷水不得间断。亦可用草帘覆盖保持湿度,至发芽时撤除。

4.植生带铺设后缀土、轻压、喷水,方法同播种。

5.坡地和大面积草坪铺设可采用喷播法。

9.3.2.3 分株种植应将草带根掘起,除去杂草后 5~7 株分为一束,按株距 15~20 cm,呈品字形种植于深 6~7 cm 穴内,再踏实浇水。

9.3.2.4 种植花卉的各种花坛(花带、花境等),应按照设计图定点放线,在地面准确画出位置、轮廓线。面积较大的花坛,可用方格线法,按比例放大到地面。

9.3.2.5 花卉用苗应选用经过 1~2 次移植,根系发育良好的植株。起苗应符合下列规定:

1.裸根苗,应随起苗随种植。

2.带土球苗,应在圃地灌水渗透后起苗,保持土球完整不散。

3.盆育花苗去盆时,应保持盆土不散。

4.起苗后种植前,应注意保鲜,花苗不得萎蔫。

9.3.2.6 各类花卉种植时,在晴朗天气、春秋季节、最高气温 25 ℃以下时可全天种植;当气温高于 25 ℃时,应避开中午高温时间。

9.3.2.7 横纹花坛种植时,应将不同品种分别置放,色彩不应混淆。

9.3.2.8 花卉种植的顺序应按下列方式进行:

1.独立花坛,应由中心向外种植。

2.坡式花坛,应由上向下种植。

3.高矮不同品种的花苗混植时,应按先矮后高的顺序种植。

4.宿根花卉与一、二年生花卉混植时,应先种植宿根花卉,后种植一、二年生花卉。

5.横纹花坛,应先种植图案的轮廓线,后种植内部填充部分。

9.3.2.9 种植花苗的株行距,应按植株高低、分蘖多少、冠丛大小决定,以成苗后不露出地面为宜。

9.3.2.10 花苗种植时,种植深度宜为原种植深度,不得损伤茎叶,并保持根系完整。球茎花卉种植深度宜为球茎的 1~2 倍。块根、块茎、根茎类可覆土 3 cm。

9.3.2.11 花卉种植后,应及时浇水,并应保持植株清洁。

9.3.2.12 水生花卉应根据不同种类、品种习性进行种植。为适合水深的要求,可砌筑栽植槽或用缸盆架设水中,种植时应牢固埋入泥中,防止浮起。

9.3.3　种草工程

种草施工要求参照本《指南》8.2.4节中相关规定执行。

9.3.4　低质低效林地改造工程

9.3.4.1　基本要求

1.施工单位提前组织施工员进行现场踏勘,核实作业地块、改造方式以及抚育采伐、营造林、嫁接复壮、生物多样性与环境保护等技术措施的要求。

2.开展施工员的上岗培训,包括作业流程、改造方式、林木采伐、营造林等方面的技术要求。

9.3.4.2 施工要求

1.应清除带病虫源的林木、枝丫,及时就近隔离处理,防止病虫源的扩散与传播。

2.改造过程中采用的种子、苗木均应达到国家标准规定Ⅰ、Ⅱ级的要求。

3.补植乡土树种,形成混交林。现有林木分布比较均匀的林地均匀补植,现有林木呈群团状分布的林地群团状补植,补植后密度应达到该类林分合理密度的85%以上。

4.严重受害人工林应更替改造。可以将所有林木一次全部伐完或采用带状、块状逐步伐完并及时更新。

5.对密度过大、生长量明显下降的林分,应通过砍杂、间伐,间密留稀,留优去劣,调整林分密度、结构、生长空间,促进林木生长。

6.林木栽培、养护施工要求参照 LY/T 1690—2017 执行。

9.3.5 退化林分修复工程

9.3.5.1 基本要求

1.因地制宜,尊重自然,通过不同的方式对退化林分进行恢复,提高植被覆盖率,恢复森林生态系统。

2.以乡土树种为主,营造混交林,优化林分结构;优先修复严重退化濒临死亡的林分,由点到面循序渐进。

3.施工单位提前组织施工员进行现场踏勘,了解修复措施、作业流程、种植抚育、环境保护等方面的技术要求。

9.3.5.2 施工要求

1.更新修复

(1)造林前先伐除枯死木、濒死木、遭受林业有害生物危害的林木,注意保留优良木、有益木、珍贵树。

(2)皆伐修复采用块状或带状皆伐作业方式,皆伐后以人工植苗造林的方式进行修复。

(3)萌芽出来的植株及嫁接生长出来的幼苗,要及时抹芽除蘖和抚育管理。

(4)林(冠)下更新,应选择幼龄期耐阴性较强,并与林地上已有的幼苗、幼树共生的树种。

2.补植修复

补植之前,先伐除病腐木或濒死、枯死木,利用林间空地补植一定数量的乔木或灌木,形成多树种复层异龄混交林、乔灌混交林或灌木林。

3.抚育修复

采取疏伐、生长伐、卫生伐、调整林分结构等抚育措施,清除死亡和生长不良的林木,促进林木生长。有萌蘖能力的乔木林或灌木林,可采取平茬措施。平茬时期为春季土壤未解冻前。

9.4 监测与保育

9.4.1 为维持生态平衡,开展陆生维管植物、地衣和苔藓、陆生哺乳动物、鸟类、爬行动物、两栖动物、内陆水域鱼类、淡水底栖大型无脊椎动物、蝴蝶、大中型土壤动物、大型真菌等 13 类生物多样性监测工程。各类工程的监测方法、监测内容及指标、监测时间及频次等具体实施要求参照 HJ 710.1—2014、HJ 710.2—2014、HJ 710.3—2014、HJ 710.4—2014、HJ 710.5—2014、HJ 710.6—2014、HJ 710.7—2014、HJ 710.8—2014、HJ 710.9—2014、HJ 710.10—2014、HJ 710.11—2014、HJ 710.12—2016、HJ 710.13—2016 的相关规定执行。

9.4.2 开展气象、水文、水质、土壤等日常监测,实施要求参照 GB/T 35227—2017、SL 219—2013、SC/T 9102—2007、HJ/T 166—2004 中相关标准执行。

9.4.3 开展外来物种监测,及时了解外来物种的种类、数量、分布及危害情况。

9.4.4 保育工程

以河南省山水林田湖草生态保护修复信息管理平台为载体,建立监测工程数据库,存储各层次、各类别的监测数据序列,在信息管理平台的支持下,及时汇总分析各生态系统变化趋势,识别生物多样性保护问题,有针对性地制订、修正保育方案。保育工程的实施要求参见本《指南》9.1 节、9.2 节、9.3 节中的相关规定,切实做好生物多样性保护工作。

10　重要生态涵养带工程施工技术

10.1　调水干渠生态带工程

10.1.1　一般规定

10.1.1.1　生态带的建设应着眼于维护南水北调中线干渠沿线生态系统平衡,保障工程水质安全,有效规避总干渠水体水质污染风险,保护干渠沿线生态环境。

10.1.1.2　围绕生态带建设的基本任务,因地制宜建设绿化带、园林绿地等,开展环境综合治理,打造干渠沿线绿化带及生态景观带。

10.1.1.3　生态带工程的施工必须由具有相应工程施工资质的单位承担,各个工作岗位、各个工种均由具有相应资质的人员承担。

10.1.1.4　生态带工程的施工必须依据项目工程设计、施工组织设计进行,按照设计的要求,并参照执行相关规范的技术要求。

10.1.2　生态林工程

10.1.2.1　农村段总干渠两侧各建设 100 m 的绿化带,以总干渠管理范围边线(防护栏网)起算。绿化带以景观林和经济林相结合,内侧 40 m 建设生态景观带,以景观林为主;外侧 60 m 建设林业产业带,以经济林为主。

10.1.2.2　苗木配置以本地乡土品种为主,乔灌相结合,常绿与落叶、针叶与阔叶合理搭配,形成四季常青绿化景观。

10.1.2.3　种植之前,应全部清除地面的垃圾、杂物、树根等残留物,对不符合种植条件的土壤采取相应的消毒、施肥和客土置换措施,对绿化场地平整、清理,构筑地形。

10.1.2.4　生态林的营造、栽植、管护、抚育等措施,参照执行 GB/T 18337.3—2001 的规定。

10.1.3　园林绿地工程

10.1.3.1　城区段总干渠两侧宽度各 100 m(局部有扩展)范围内建设园林绿地。园林绿地尚需结合当地城市规划进行规划和建设。

10.1.3.2　植物配置仍以本地乡土植物为主,乔灌花草相结合,不同季节合理搭配。配置适当的人造景观,成为环境优美的绿地和供人们休闲游乐的园林廊道。

10.1.3.3　适当建设假山、亭台、长廊、步道、座椅等设施,供人们休憩。

10.1.3.4　绿化之前,对土壤理化性质进行化验分析,进行改良或置换,清除杂物,垫填坑洼,排除积水。土壤厚度及地形造型符合设计要求。

10.1.3.5　施工前,应了解施工现场的地上地下障碍物、管网、地形地貌、土质、周边基本情况,熟悉绿化工程实地状况。

10.1.3.6　挖穴、苗木的运输和修剪、栽植、浇灌、支撑、绿化带的后期养护,均参照 CJJ/T 82—2012 执行;草坪的播种和移植,参照 NY/T 1342—2007 执行。

10.1.3.7　园道、铺装场地、座椅、环卫设施的施工,按照工程设计和 CJJ/T 82—2012 的相关要求进行。

10.2　生态廊道工程

10.2.1　一般规定

10.2.1.1　生态廊道的建设应依据现状地形、地貌,最大限度地保留和利用场地原有自然资源,适当进行提升改造。原有的水系、水体应予以保留。

10.2.1.2　生态廊道应与周边环境协调,体现人造景观与大自然的和谐统一。

10.2.2　土方工程

10.2.2.1　应结合原地形地貌进行适当改造。原有地形比较丰富的地段,应予以保留,局部进行地形调整,调整后的地形须与原有地形自然顺接、统一协调。

10.2.2.2　在挖方前,应做好地面排水;施工过程中注意控制好地面高程和边坡坡度,清理杂物并压实。

10.2.2.3　土方回填前应清除基底的垃圾、树根等杂物,填完应夯实,并控制好边坡坡度。

10.2.2.4　土方工程施工应符合 JGJ 180—2009 的要求。

10.2.3　道路工程

10.2.3.1　主要道路路面宜采取沥青混凝土路面或水泥混凝土路面。沥青混凝土路面应碾压密实,厚度均匀,路面平整;水泥混凝土路面必须做到洁净、无裂缝、无脱皮、无坑洼、不积水。

10.2.3.2　步道以预制石板及其他石材铺装。石材路面,必须做到接缝平顺,缝道合理,间隙、坡度符合设计要求,路面不积水。

10.2.3.3　沥青混凝土路面或水泥混凝土路面道路施工参照执行 LYJ 201—1986 的具体规定。预制石板及其他石材铺装的步道,施工参照 CJJ/T 82—2012 的相关规定执行。

10.2.4　喷灌工程

10.2.4.1　生态廊道内应配置喷灌工程,以便在需要的时候浇灌植物。原有的喷灌系统若不能满足需要,应升级改造或重新建设。

10.2.4.2　管材应选用 PVC 管,地下塑料管道之间的连接采用 PVC 管材专用熔接器熔接,地面的排水管采用胶粘剂粘接。

10.2.4.3　铺设管道的沟底应平整,不得有突出的尖硬物体。管道回填时,管周回填土不得有尖硬物直接与塑料管壁接触。

10.2.4.4　地面以上的排水管宜架设支架使其固定,排水管在适当位置预留出水口。

10.2.4.5　喷灌工程应按照 GB/T 50085—2007 的要求执行。

10.2.5　绿化工程

10.2.5.1　树木种植施工要求参照本《指南》8.2.4 节中的相关规定执行。

10.2.5.2　花卉种植、草坪布设的施工参照本《指南》9.3.2 节中的相关规定执行。

10.2.6　配套基础设施

10.2.6.1　城市的生态长廊一般沿道路或水系建设,应有配套基础设施,设置一定的人造景观,供人们出行观光,休闲娱乐,强身健体。

10.2.6.2　常建的基础设施主要有健身广场、卫生间、步道(包括栈道)、坐凳等,建筑多采用砖混结构,步道可采用铺石或建成鹅卵石道路,坐凳可采用木质或石质结构。

10.2.6.3　人工景观可建假山、小花园等。生态长廊里建造的假山,高度 10 m 左右为宜,可以用石头堆砌,也可以用土堆成。土质假山上栽种花卉等观赏植物。水面上可建造曲桥、跌水等景观,水面较宽时可沿水边改造成小微湿地。

10.2.6.4 广场、道路铺装,坐凳安装,假山建造等,参照 CJJ/T 82—2012 执行。

11 湿地保护工程施工技术

11.1 一般要求

11.1.1 湿地保护工程应着眼于维护湿地生态系统平衡,全面保护和恢复湿地功能和生物多样性。

11.1.2 湿地保护工程项目建设应充分利用原有的各项工程设施,优先维护、完善、使用已有设施,不得减少自然湿地面积或降低其质量,不得改变湿地自然景观格局。

11.1.3 湿地生态系统内的建筑设施、人文景观及整体风格应与湿地景观及周围的自然环境相协调。

11.1.4 湿地生态需水应得到保证。湿地水质应符合 GB 3838—2002 的要求。

11.2 湿地保护修复工程

11.2.1 栽植湿地植物

11.2.1.1 苗木规格质量要求

苗木植株健壮、无病虫害,株型完整、匀称,根系发达,乔木和灌木达到二级以上质量标准。

规格视不同物种而定。要栽植大规格苗木,其中落叶乔木干径 6 cm 以上;常绿乔木干径 3 cm 以上;花灌木 3 年生以上、分枝 3 个以上;芦苇要求多年生地下茎 30 cm 以上,香蒲、菖蒲、水生鸢尾以及慈姑要求为多年生带主芽地下茎。

11.2.1.2 栽植方式

水生湿生植物斑块式间种,种植平均密度为 5 株/m²。

11.2.1.3 抚育养护方式按照 DB41/T 1420—2017 的相关规定执行。

11.2.2 湿地水域恢复

11.2.2.1 湿地水域恢复工程主要包括扩挖小水面、沟通小水面、局部深挖和区域滞水。

11.2.2.2 湿地水域恢复工程施工参照 GB 50330—2013、JTJ 319—1999 等相关标准执行。

11.2.3 湿地地形改造

11.2.3.1 通过工程措施削低过陡或过高的地貌、平整局部地形、营造生境岛、规整小型水面的形状,改善和营造湿地植被和水鸟的生存环境,增加湿地生境的异质性和稳定性。

11.2.3.2 湿地地形改造工程主要包括营建浅滩湿地、规整小型水面和营造生境岛。

11.2.3.3 湿地地形改造工程施工参照 LY/T 1755—2008 中相关标准执行。

11.2.4 湿地基质恢复

11.2.4.1 通过工程措施对营养贫瘠区域回填壤质土,增强湿地基质储存水分和营养物质的能力,为植被提供良好的营养条件,为鸟类等动物提供栖息地。

11.2.4.2 湿地基质恢复技术主要包括分层回填壤质土、种植坑回填壤质土和种植槽回填壤质土。

1. 在土壤贫瘠的开阔区,分层回填符合湿地植被生长要求的土壤,恢复湿地基质。

2. 在恢复区范围内,挖掘不同规格的种植坑回填壤土,恢复湿地基质。

3. 在土壤贫瘠的岸带,挖掘种植槽,回填壤土,恢复湿地基质。

11.2.4.3 回填壤质土质量应符合 TD/T 1036—2013 的相关规定,回填土土层厚度应符合 DB 41/T 1420—2017 的相关规定。

11.2.5 湿地岸坡恢复

11.2.5.1 根据湿地岸坡护坡采用的技术手段和护坡材料的差异,湿地岸坡护坡分为木桩护坡、块石护坡,生态砖、生态混凝土和生态袋护坡,植物护坡和生物工程护坡等方法。

11.2.5.2 木桩护坡

以木桩成排垂直于水平面紧密打入较陡的岸坡。木桩的规格和布置须抗剪断、抗弯、抗倾斜,阻止土体从桩间或桩顶滑出。从木桩结构类型上划分有单排桩、双排桩和群桩等。

11.2.5.3 块石护坡

需要稳固的岸坡临近水边地段采用块石护坡,其下层以碎石铺设,上层铺设粒径较大的块石,以块石的重力作用固着壤土,防止水流冲击侵蚀。石块的质量和形状选择需根据不同的水流冲刷能力来确定。

11.2.5.4 生态砖、生态混凝土和生态袋护坡

一般用在受水流冲蚀而容易坍塌的湿地岸坡区域,利用其重力作用固着岸坡,阻挡水流的进一步冲蚀,并为湿地植物和微生物的生长提供适宜的空间。

11.2.5.5 植物护坡和生物工程护坡

利用具有生命力的湿地植物根、茎(秆)或完整的湿地植物体作为护岸结构体的主要元素,按一定的方式、方向和序列将它们扦插、种植或掩埋在湿地岸坡的不同位置,在湿地植物生长过程中实现加固和稳定岸坡,控制水土流失。

11.2.6 野生动物保护

11.2.6.1 在野生动物数量较多的区域,搭建临时性野生动物收容所及笼(棚),便于救护受伤野生动物。

11.2.6.2 在缺少野生动物营巢的区域,人工营造巢箱(穴);根据野生动物生活习性及栖息地大小确定巢箱(穴)大小、巢箱(穴)数量和放置位置。

11.2.6.3 在候鸟集中分布区、野生动物繁殖区,宜营建生境岛。生境岛建设规模、特点、数量应根据生物生态特性、分布数量及湿地现状确定。

11.2.6.4 在水生生物重要栖息地设置人工鱼巢,为养护水生生物创造友好的生态环境条件。

11.3 基础设施建设工程

11.3.1 巡护路网

11.3.1.1 巡护路网建设内容包括主干道、游步道及巡护步道。

11.3.1.2 主干道主要为观光车、电瓶车及养护管理车辆通行,宜为混凝土路面,其修筑要求参照 GB 51286—2018、CJJ 1—2008 相关规定执行。

11.3.1.3　游步道以自然线形为主,路面采用砂石、透水砖、青石板、页岩板等天然石材或木栈道,质感自然,朴实,采用砂土基层。其修筑要求参照 GB/T 51224—2017 的相关规定执行。

11.3.1.4　巡护步道遵循自然线形,可采用块石简易路面。

11.3.2　管护基础设施

管护基础设施包括管理站(点)、检查站的业务用房及配套工程建设。

管理站点的建设施工执行建筑工程施工验收的一系列相关规范。

12 检验、测试及试验

12.1 一般规定

12.1.1 为保证工程质量,保证生态修复的质量与效果,应对进场工程材料、机械设备质量进行入场检测验收,施工过程中对材料、设备、半成品等进行检验、测试等质量控制,对工程竣工质量及土、水、生物等各类样品进行采集、检验、测试等工作。

12.1.2 检测样品应具有代表性,能够全面覆盖、真实地反映材料的质量、工程的质量以及生态保护修复的质量与效果。

12.2 原材料、设备入场检测

12.2.1 材料、设备进入施工现场时,由现场工程师组织供货单位、施工单位及监理单位根据进场设备的具体情况对材料、设备进行抽检、全数检验或送检。

12.2.2 石材、钢筋(钢丝)、水泥、砂石等原材料检验数量和质量必须符合设计要求和国家标准规范。草种质量、苗木规格等应符合设计要求和相关国家标准规定。

12.2.3 材料、设备进入施工现场时,必须派遣专业工程人员检查产品质量检验合格证、使用说明书、生产许可证、国家安全认证标准等。

12.2.4 对于需要送检的材料,如钢筋焊接结构用料、承重结构用料、防水材料、混凝土、砂浆试块等必须由现场工程师负责安排监督取样送检。

12.2.5 对于混合材料,检查配合比是否正确,计量工作是否完备、完好。

12.2.6 对于进场的材料设备,需检查是否与样品吻合一致,外观是否有缺陷等。

12.2.7 甲供材料需根据合同条款有关内容进行检查。乙供材料需根据确认时有关书面要求进行检查。

12.2.8 如原材料、成品、半成品并检查不合格,必须及时通知退场,材料退场时必须由工程监理旁站监理,核对退场材料数量规格等是否与送货单一致,做好材料退场记录。

12.2.9 材料设备经现场验收后,供货单位、施工单位、工程主管(或监理单位)在材料入场清单上签字确认材料设备检验合格后,材料设备方可用于工程中。

12.3 施工控制检验检测

12.3.1 石材、钢筋(钢丝)、水泥、砂石等原材料应进行抽检复验,检验数量和质量必须符合设计要求和国家标准规范。

12.3.2 砌筑砂浆强度等级和混凝土强度等级必须符合设计要求,并进行取样试验。

12.3.3 重力挡墙和加筋挡墙的断面尺寸、地基基础、沉降缝(伸缩缝)应符合设计要求,回填材料、密实度应符合行业标准和国家规范。

12.3.4 抗滑桩孔径、孔深和垂直度应符合设计要求,钢筋布置、绑扎、焊接和搭接应符合行业标准和国家规范。

12.3.5 预应力锚索的锚孔位置、锚孔直径、倾斜角度、锚杆长度、锚固长度、张拉荷载和锁定荷载应符合设计要求,钢绞线强度、配置和锚具应符合行业标准与国家规范。

12.3.5.1　同一验收批砂浆试块抗压强度平均值必须大于或等于设计强度等级所对应的立方体抗压强度,同一验收批砂浆试块抗压强度的最小一组平均值必须大于或等于设计强度等级所对应的立方体抗压强度的 0.75 倍。

12.3.5.2　砌筑砂浆的验收批,同一类型、强度等级的砂浆试块应不少于 3 组。当同一验收批只有一组试块时,该组试块抗压强度的平均值必须大于或等于设计强度等级所对应的立方体抗压强度。

12.3.5.3　砂浆强度应以标准养护、龄期为 28 d 的试块抗压试验结果为准。

12.3.5.4　每一检验批且不超过 250 m^3 砌体的各种类型及强度等级的砌筑砂浆,每台搅拌机应至少抽检 1 次。

12.3.6　混凝土强度等级必须符合设计要求,混凝土试件应在混凝土的浇筑地点随机抽取,取样与试件留置应符合下列规定:

　　1. 每拌制 100 盘且不超过 100 m^3 的同配合比的混凝土,取样不得少于 1 次。

　　2. 每工作班拌制的同一配合比的混凝土不足 100 盘时,取样不得少于 1 次。

　　3. 当一次连续浇筑超过 1 000 m^3 时,同一配合比的混凝土每 200 m^3 取样不得少于 1 次。

　　4. 同一配合比的混凝土,取样不得少于 1 次。

　　5. 每次取样应至少留置一组标准养护试件,同条件养护试件的留置组数应根据实际需要确定。

12.3.7　注浆效果检测可采用钻孔取芯、标准贯入试验和波速探测等方法,检测点数一般为注浆孔数的 3% ~ 5%。

12.3.8　植被成活率一般应达到 95%,珍贵物种的成活率保证 100%。

12.3.9　削坡工程范围或平面位置应符合设计要求,长度和宽度检查点均为每 20 m 取 1 点,每边不应少于 1 点。

12.3.10　平台高程和宽度检查点均为每 10 m 各取 1 点,每级平台不应少于 1 点。

12.3.11　坡面坡度和平整度检查点为每 100 ~ 400 m^2 取 1 点,但不应少于 3 点。

12.4　工程竣工检验检测

12.4.1　各类工程的数量、空间位置、断面尺寸、外观质量等应符合设计要求,所用材料应符合行业标准和国家规范。

12.4.2　地质灾害、矿山生态修复工程竣工检测项目、检测要求参照 DB41/T 1836—2019 中相关规定执行。

12.4.3　土地综合整治工程竣工检测项目、检测要求参照《河南省土地整治工程施工质量研究与评定标准》中相关规定执行。

12.4.4　流域水环境保护治理工程可划分为土石方工程、混凝土工程、堤防工程、生态恢复工程等,可分别参照 SL 631—2012、SL 632—2012、SL 633—2012、SL 634—2012 及 DB41/T 1173—2015 中规定进行竣工检测。

12.4.5　湿地保护工程竣工检测可参照《国家湿地公园试点验收办法》中相关规定进行。

12.4.6 工程质量抽样检测的项目、内容和数量,应符合设计要求和相关专业规范的要求。工程经过一个汛期(若有植树等生物工程要经过一年)的时间检验,其治理效果、工程质量达到了设计要求。

12.5 修复工程土壤修复效果检测要求

土壤修复效果监测采用人工采样送检的方法。土壤样品的采集点位宜与本《指南》13.5 节中土壤环境长期监测点位保持一致。其采集要求、分析方法参照 HJ/T 166—2004 执行。

12.6 修复工程水体修复效果检测要求

水体修复效果监测采用人工采样送检方法。水质样品采集点位、采集技术要求及分析方法参照 SL 219—2013、HJ 493—2009 相关标准执行。

12.7 修复工程生物多样性保护效果检测要求

生物多样性保护效果检测可在生物多样性监测工程的基础上进行,其各类样品的采集、观测、检验测试等实施要求可参照本《指南》9.4 节中相关规定执行。

13 监测工程及其施工技术

13.1 一般规定

13.1.1 监测工程所布网点应可供长期监测利用,以建立监测台账,预测生态环境发展趋势,为政府部门下一步工作提供决策依据。

13.1.2 监测时段为修复工程施工开始至修复工程质保期结束。

13.1.3 监测网络布设应全面覆盖、突出重点、具有代表性,能够真实地反映区内修复工程的稳定性、生态环境的质量及修复的效果。

13.1.4 布设监测点之前应进行资料收集和调查工作,应了解掌握监测区的交通、通信、供电、气象和大地测量基准点等情况。

13.1.5 应充分利用现有监测站点资料,新建监测点要求设立易辨识、不易损毁的标识。

13.2 地质灾害监测工程

13.2.1 崩塌、滑坡监测

13.2.1.1 监测内容:绝对位移、相对位移、宏观变形前兆监测、主要相关因素监测等。

13.2.1.2 监测方法参照 DZ/T 0221—2006 中附录 E 执行。

13.2.1.3 监测要求

1. 监测网的布设应能达到系统监测滑坡、崩塌的变形量、变形方向,掌握其时空动态和发展趋势,满足预测预报精度等要求。

2. 监测测线两端应进入稳定的岩土体中。纵向测线与主要滑坡、崩塌变形方向相一致;有两个或两个以上变形方向时应布设相应的纵向测线。

3. 监测基准点应布置在远离滑坡体以外稳定的岩土上,且视线开阔、便于区域联测;不少于 3 个基准点。

4. 变形监测精度,根据其变形量确定。监测误差应小于变形量的 1/5~1/10。

13.2.1.4 监测频率常规情况下每 15 d 一次,比较稳定的可每月一次,在汛期、预报期、防治工程施工期应加密监测,宜每天一次或数小时一次直至连续跟踪监测。

13.2.2 泥石流监测

13.2.2.1 泥石流监测项目及监测方法见表 13.2.2-1。实施时,可根据监测级别、场地环境条件选择若干监测项目进行监测。

13.2.2.2 泥石流监测网点布置应覆盖泥石流沟形成区、流通区和堆积区整个沟域。监测点布设及其监测频率要求按照 DZ/T 0221—2006 的相关规定执行。

13.2.3 地面塌陷监测

13.2.3.1 监测内容:地面塌陷应监测垂直位移、水平位移、建(构)筑物倾斜、裂缝张合,必要时可监测地下水位、降雨量、土壤含水量等。

13.2.3.2 监测方法应根据监测项目、场地环境条件及施测方式等按表 13.2.3-1 的规定选取。

表 13.2.2-1　泥石流监测项目及监测方法

监测项目	监测仪器或监测方法
降雨量	雨量计
次声	次声报警器
泥位	泥位计
流速	测速仪
重度和黏度	采样器、黏度计、电子秤
土壤含水量	土壤含水量监测仪
视频	视频监测系统
物源变化	遥感方法、无人机监测

表 13.2.3-1　地面塌陷监测方法

监测项目	监测方法
垂直位移	水准测量法、三角高程测量法、CR-InSAR 等
水平位移	大地测量法、GNSS 等
建(构)筑物倾斜	经纬仪投点法、差异沉降法、激光准直法等
裂缝	精密测距仪、伸缩仪、测缝计、位移计、简易监测等
地下水位	水位计
降雨量	雨量计
土壤含水量	土壤含水量监测仪

13.2.3.3　监测要求

1. 地面塌陷监测点布设范围应外延到地面塌陷影响区以外 50 m。

2. 地面塌陷的监测点应布置在变形速率大、塌陷坑边缘、重要建筑设施等地段。

3. 基准点设置应不少于 3 个,必要时可增设 1~2 个基准点。

4. 地面变形监测可选择常规大地测量、GNSS、CR-InSAR 等方法;变形监测精度应满足 JGJ 8—2016 要求。

5. 地下水动态监测宜参照 DZ/T 0133—1995,采用人工监测法或自动化监测。

6. 监测频率及精度要求:

(1)人工监测地面变形时,监测频率宜每月 1 次,当发现有变形或变形加速、地下水位急剧变化时,应及时增加监测次数。

(2)自动化监测地下水位时,数据采集应不少于每日 1 次;人工地下水位测量每月 1 次;当发现有变形或变形加速时,应及时增加监测频率;地下水位监测精度为±0.01 m。

(3)常规条件下降雨量监测不少于 1 次/h,强降雨过程中应每 10 min 采集不少于 1 次,监测精度达到 0.1 mm。

(4)土壤含水量监测应每周不少于 1 次,降雨过程中及降雨后 3 d 应每日采集 1 次,监测精度应不大于 0.01。

13.2.4　地面沉降监测

13.2.4.1　监测项目包括地表沉降监测、分层沉降监测、地下水位监测和孔隙水压力监测等。

13.2.4.2　地面沉降监测方法应根据监测项目、监测环境和监测目的等按表 13.2.4-1确定。

表 13.2.4-1　地面沉降监测方法

监测类别	监测项目	监测方法
变形监测	地面沉降监测	水准测量
		GNSS 技术
		CR-InSAR 技术
	分层沉降监测	分层沉降标水准测量
环境因素监测	地下水位监测	
	孔隙水压力监测	

13.2.4.3　监测要求

1. 地面沉降监测范围应能覆盖整个现状沉降区域和近期可能发展扩大的区域。

2. 监测高程基准起算点应采用国家统一的高程基准或独立的高程基准,对于同一监测区不同监测方法应采用统一监测基准。

3. 监测网水准点间距应满足区域地面沉降监测的要求,宜按 0.5~2.0 km 布设。

4. 水准点位应选在地势平坦、坚实稳固、通视条件较好的位置,避开地下设施地段,并能反映地面沉降特点和变化趋势。

5. 一、二等水准网的结点应选取基岩标、深标或其他稳定的点,不得选用新埋设水准点和临时转站点。

13.2.4.4　监测频率及精度要求

1. 采用水准法进行区域地面控制监测时,监测频率宜不少于 1 次/年,变形异常时应加密监测。

2. 地面沉降水准监测应符合 DZ/T 0154—1995 和 GB/T 12897—2006 的有关规定。

3. 分层沉降监测频率应根据监测方法和沉降速率、监测季节的变化确定,人工监测频率宜不少于 1 次/月,自动化监测频率宜不少于 1 次/d。

4. 分层标监测精度应根据监测方法确定,人工监测精度参照水准测量执行,自动化监测精度为 0.01 mm,并以人工监测方法定期复核。

13.3　地形地貌景观破坏监测工程

13.3.1　监测要素:剥离岩土体积、植被损坏面积、危岩治理体积、绿化面积等。

13.3.2 监测手段:剥离岩土体积、植被损坏面积、恢复绿化面积等要素主要采用卫星遥感影像、无人机航摄、高精度 GPS 等进行监测,危岩治理体积多用人工现场测量方法。

13.3.3 监测网主要布设在露天采场和采矿造成的地面塌陷、地裂缝、崩塌、滑坡和废渣堆、排土场等分布区域。

13.3.4 重点监控自然保护区、风景名胜区、生态环境脆弱区、主要交通干线和重要水系可视范围内的地形地貌景观破坏情况。

13.3.5 监测频率根据监测指标、监测级别而定,每年 1~6 次不等。监测级别依据 DZ/T 0287—2015 中 6.4 节相关条款确定。

13.3.6 地形地貌景观破坏监测方法、操作要求等遵照 DZ/T 0287—2015、DZ/T 0190—2015 的相关规定执行。

13.4 水环境监测工程

13.4.1 监测内容

13.4.1.1 水量监测

对重要地表水干流、矿山集中开采区水系出口、集中供水水源地、入河排污口进行水量监测,以掌握区域水资源量的分布特征和动态变化、开发利用情况,矿山开采对地表、地下水资源的疏干影响,监督人口集中区生活污水、工矿企业生产废水的排放情况。

13.4.1.2 地下水位监测

对集中供水水源地、富水性好的地下含水层和矿山开采集中区的地下含水层进行地下水位监测,以掌控区域地下水位的动态变化,分析地下水资源量变化趋势,监控矿山开采对地下含水层的影响程度和范围。

13.4.1.3 水质监测

对集中供水水源地、重要矿区、入河排污口、固体废物处置场淋滤液、重要地表水系干流进行水质监测,以掌握水质特征、动态变化情况,监控工矿企业分布区和人口集中区产生的水体及地下水污染。

13.4.2 监测方法见表 13.4.2-1。

表 13.4.2-1　水环境监测方法

监测内容	监测方法	监测设备	监测特点
水量	计量法	电子流量计、水表等	电子流量计可实时传输流量数据,计量准确可靠;普通水表需要人工监测
水位	电子自动监测、人工监测	井下电子压力计、测量导线、万用表等	自动化电子压力计可自动记录水压(水位)的变化,准确可靠;使用导线、万用表需人工手动监测
水质	采样分析	各种测试分析设备、试剂等	人工野外采集水样,送至实验室进行各种指标的分析测试,人为因素影响大

13.4.3 监测频率按照 HJ/T 166—2004 中相关规定执行。

13.5 土地资源及土壤环境监测工程

13.5.1 土地资源数量监测

13.5.1.1 监测要素:对土地的用途、性质、面积、土体厚度等进行监测,以掌握土地利用现状及变化情况,分析其变化趋势,为土地复垦的方向提供基础数据。

13.5.1.2 监测方法及频次:采用遥感、无人机航摄,通过遥感图片、航摄图片解译土地面积、用途等信息,每年进行一次。土壤厚度监测则采用人工测量法,在监测点现场开挖土壤剖面测量其厚度,每年测量一次。

13.5.2 土壤环境监测

13.5.2.1 土壤环境监测项目与监测频次见表 13.5.2-1。监测频次原则上按表 13.5.2-1执行,常规项目可按当地实际适当降低监测频次,但不可低于 5 年一次,选测项目可按当地实际适当提高监测频次。

表 13.5.2-1 土壤环境监测项目与监测频次

项目类别		监测项目	监测频次
常规项目	基本项目	pH、阳离子交换量	每 3 年一次 农田在夏收或 秋收后采样
	重点项目	镉、铬、汞、砷、铅、铜、锌、镍 六六六、滴滴涕	
特定项目(污染事故)		特征项目	及时采样,根据污染物 变化趋势决定监测频次
选测项目	影响产量项目	全盐量、硼、氟、氮、磷、钾等	每 3 年监测一次 农田在夏收或秋收后采样
	污水灌溉项目	氰化物、六价铬、挥发酚、烷基汞、 有机质、硫化物、石油类等	
	POPs 与高毒类农药	苯、挥发性卤代烃、有机磷农药、 PCB、PAH 等	
	其他项目	结合态铝(酸雨区)、硒、钒、氧化 稀土总量、钼、铁、锰、镁、钙、钠、 铝、硅、放射性比活度等	

13.5.2.2 土壤环境监测的布点方法可采用简单随机法、分块随机法或系统随机法。

13.5.2.3 土壤环境监测的布点数量要满足样本容量的基本要求,实际工作中土壤布点数量根据监测目的和监测区域环境状况等因素确定。一般要求每个监测单元最少设 3个点。

13.5.2.4 土壤环境监测样品的采集、保存及运输要求执行 HJ/T 166—2004 中的相关规定。

13.6 林地环境监测工程

13.6.1 林地数量监测

13.6.1.1 监测要素为林地的面积、林木种类、数量等。

13.6.1.2 监测方法以遥感监测、无人机监测为主,并利用现场抽样调查方法对遥感解译数据进行核实和校对。

13.6.1.3 监测频率为每年一次。

13.6.2 林地质量监测

13.6.2.1 监测要素包括林木的胸径、树高、树叶损失率等指标。

13.6.2.2 监测方法及其要求

1. 监测方法以现场抽样调查方法为主。

2. 林地监测样方设置参照 LY/T 2241—2014 的相关规定执行。

3. 对亚样方内胸径≥1.0 cm 立木的胸径、树高等进行逐一测量,做好记录。同时,对每株立木进行编号、定位。

4. 幼树、幼苗只进行高度、基径检尺和生长状况测定,不挂牌和定位。

5. 立木状况按以下编号进行记录:1 优势木、2 亚优势木、3 中庸木、4 被压木、5 濒死木、6 枯立木。

13.6.2.3 监测频率为每年一次。新进入起测胸径的立木要定位和标识。

13.6.3 林地环境监测应遵循 LY/T 2241—2014、LY/T 2497—2015 的相关规定。

13.7 草地环境监测工程

13.7.1 草地数量监测

13.7.1.1 监测指标为草地类型、草地总面积、可利用面积、面积变化值、变化率等。

13.7.1.2 监测方法以遥感监测、无人机监测为主,并利用现场抽样调查方法对遥感解译数据进行核实和校对。遥感监测技术细节与要求参照 NY/T 1233—2006 中附录 E 执行。

13.7.1.3 监测频率为每年一次。

13.7.2 草地质量监测

13.7.2.1 监测指标为地上生物量、产草量、其他饲草饲料供给量、利用率、植被指数、载畜量等。

13.7.2.2 监测方法:地上生物量用地面监测结合遥感或无人机监测方法直接测定。其余监测指标参照 NY/T 1233—2006 中 6.3 节的相关公式计算确定。地面监测技术细节与要求参照 NY/T 1233—2006 中附录 D 执行。遥感监测技术细节与要求参照 NY/T 1233—2006 中附录 E 执行。

13.7.2.3 监测频率为每年一次。监测时间为每年草地植被地上生物量高峰期一次性测产,多为 7~8 月。

13.8 生物多样性监测工程

生物多样性监测的监测内容、方法及监测频次等参照本《指南》9.4 节相关规定执行。

13.9 施工安全监测工程

13.9.1 施工安全监测是指施工期为保护工程的施工安全所开展的监测工作。修复治理工程施工安全监测主要针对边坡和开挖工程进行。

13.9.2 监测仪器设备选用应遵循可靠、实用、经济的原则。埋设的监测仪器、设备应进行工地检验,二次测量仪器仪表在检定合格有效期内使用。

13.9.3 监测设施应根据现场施工情况及时安装埋设,并测读初始值和做好相关记录。监测设施埋设安装时,应减少施工干扰。对已埋设的监测设施应采取有效的安全防护措施。

13.9.4 监测项目宜包括边坡变形监测、边坡支护监测、爆破有害效应监测、边坡裂缝监测等,高边坡还宜对地下水位或地下孔隙水压力、地表渗流量进行监测。

13.9.5 地表变形监测点布置应与地下变形监测点位置相结合。变形监测的基准点、工作基点,宜利用施工测量控制网中的三角点和水准点,也可独立建设。工作基点数量应满足监测的需要且不小于 3 个。

13.9.6 修复工程施工安全监测工作尚应符合 DL/T 5308—2013、GB 50497—2019 的相关规定。

13.10　监测工程施工技术

13.10.1　监测工程设施施工技术要求

13.10.1.1　一般规定

　1. 在施工过程中需加强地质调查工作,必要时施工地质鉴别孔,取得施工现场实际地质资料,精确布设监测设施。

　2. 同一场地设置多个监测设施时,综合考虑各监测设施平面布局,间距不应小于 4 m,严格控制施工质量,避免互相干扰。

　3. 在钻探工程施工过程中,在保证钻孔安全的前提下,采取工程措施减少泥浆对地层的影响。

　4. 监测设施的施工质量应达到设计要求,满足完成相应监测任务的目的。

13.10.1.2 监测设施施工工程可分为监测墩(标石)工程、角反射器工程、基岩标分层标工程、孔隙水压力监测孔等。

13.10.1.3 监测墩(标石)工程中基坑施工执行 JGJ 79—2012、JGJ 120—2012 的相关规定,钢筋笼绑扎、模板搭设、混凝土浇筑施工执行 GB 50666—2011、JGJ 162—2008 等相关规定。基坑土方回填作业参照 GB 50202—2018 相关标准执行。回填土方宜采用开挖原土,回填土压实度应满足设计要求,保证监测墩(标石)直立稳定。

13.10.1.4 基岩标、分层标监测设施施工时,在安装保护管、标底之前应采取工程技术措施清空钻孔沉渣,以保证基岩标、分层标的可靠性。其施工执行 DZ/T 0283—2015 附录 H 相关规定。

13.10.1.5 孔隙水压力监测孔施工应在分层标(组)布设时,同时在同层次黏土层同步布设,孔隙水压力监测孔建设应符合 CECS 55—1993 的有关规定。

13.10.1.6 新建地下水监测井施工参照 DZ/T 0283—2015 附录 J 执行,应针对不同地层,采用合适的成井工艺和洗井方法,保证地下水路畅通,施工质量满足监测目的和要求。

13.10.1.7 监测设施施工除执行本《指南》外,应遵守国家、行业及地方相关标准规定。

13.10.2　监测设备安装技术要求

13.10.2.1　一般要求

1. 安装工程施工前,应具备设计和设备的技术文件;对大中型、特殊的或复杂的安装工程,尚应编制施工组织设计或施工方案。

2. 安装工程施工前,对临时建筑、运输道路、水源、电源、照明、消防设施、主要材料和机具及劳动力等,应有充分准备,并做出合理安排。

3. 大型落地设备安装前做好基础验收工作。基础外观、强度、标高、地脚螺栓位置满足设计要求。

4. 设备安装工程按设计施工。当施工时发现设计有不合理之处,应及时提出修改建议,并经设计变更批准后,方可按变更后的设计施工。

5. 设备安装中的隐蔽工程,应在工程隐蔽前进行检验,并做出记录,合格后方可继续安装。

13.10.2.2　大型落地设备安装工艺流程

设备验收→基础验收→垫铁安装→吊装就位→找正→地脚螺栓紧固或灌浆→内装附件安装→试运行→保温、防腐→最终检查→工程竣工。

13.10.2.3　设备安装技术要求参照工程设计及 GB 50231—2009 的相关规定执行。设备安装完毕后应能联合配套设施,完成监测的目的和要求。

14 竣工需提交的资料

14.1 竣工报告及附件资料

14.1.1 竣工报告主要内容

竣工报告主要内容包括项目施工合同、工程概况、工程施工进展情况及完成的主要实物工作量,工程施工资金使用、进度、质量控制情况,监理监督、检查、审核意见及结论,项目实施的效果,存在的问题及建议等,详见本《指南》附录1:竣工报告编写提纲。

14.1.2 竣工报告附件

竣工报告附件应包括下列资料:

1. 工程项目概况表、工程立项批准文件、项目可行性研究报告和修复工程设计审查意见及批准文件等。

2. 工程项目勘查设计(含变更设计)及其审查意见和批准文件(附专家签名表)。

3. 工程项目中标通知书、项目合同书(勘查与设计、施工、监理等)。

4. 工程项目施工单位资质证书与主要人员的执业资格证书复印件。

5. 工程质量竣工验收评定资料,质量保证资料核查表、单位工程质量验收汇总表。

6. 施工单位的工程质量保证书(含质量保证标准、工程后期维护内容和范围、维护期、质量保修责任、明细条款等)。

7. 开工报告、施工组织设计(实施方案)、施工日志、工程施工技术管理资料(施工验收记录、工程材料及施工质量证明文件)、工程量申报及批准资料、工程变更申请与批准资料。

8. 重大质量事故处理资料。

9. 与工程有关的影像图片资料。

14.2 工程竣工图

应根据工程项目竣工后实测地形图进行编制。竣工图内容及编制要求如下:

14.2.1 修复工程分区,并与原设计进行对比。

14.2.2 工程竣工平面图与剖面图,在图上标明所有工程内容,说明其工程量,并与原设计进行对比。

14.2.3 标明工程的开工、竣工日期。

14.2.4 详述各区修复治理效果,并附照片加以说明。

14.2.5 竣工图编制责任人与签章齐全。

14.2.6 竣工图测量成果齐全。

14.3 工程项目决算报告

工程项目决算报告内容包括项目设计预算、工程进度付款凭证及其汇总表、工程变更资料、工程量报审表、工程费用调整资料及其批准意见等。

14.4　工程结算及审计报告

工程项目施工方应编制工程结算报告,并委托有资质的会计师事务所出具结算审计报告。

工程结算报告内容包括工程概况、结算说明、结算金额、工程拨付款统计表等。

审计报告内容包括审计单位基本情况,项目来源、项目基本情况、完成工程量情况及工作进度情况,项目资金到位情况、工程建设支出真实性合规性审计情况、审计结果及其他需要说明的问题等。

14.5　数据库建设

积极配合政府部门或建设单位,完善山水林田湖草生态保护修复工程数据库建设工作。

施工阶段形成的所有基础资料均要录入计算机。在录入系统前,要对其进行系统化、标准化处理,文字采用 Word 格式,表格采用 Excel 格式,图件采用 ArcGIS、MapGIS、Auto-CAD 等软件编制,并按条理性进行标准化排列,便于录入、查找和使用。

附　录

附录1　竣工报告编写提纲

一、项目概况

1. 工程名称、地点、规模、类型、开工完工时间。
2. 参建单位：建设单位、勘查设计单位、监理单位、施工单位等。
3. 主要完成工作量。
4. 履行合同情况。

二、工作区生态环境现状及存在问题

三、保护修复工程设计概述

四、施工环境条件

五、施工情况

1. 项目管理班子组成及人员变动情况。
2. 施工组织与管理。
3. 施工工艺与质量控制。

六、工程质量评述

1. 自检情况。
2. 抽检情况。
3. 监理认可情况。
4. 工程质量自评。

七、资金使用情况

八、工程维护与监测

九、结论与建议

附：开工申请报告、施工日志、施工原始资料、工程文件（资质、初验申请、终验申请及初验意见、实施单位资质证书、工程质量保证书、自查报告、工程质量评定表、施工单位检验资料）、实测竣工测量图等。

附录 2　参考标准规范目录表

序号	标准号	标准名称	实施日期 (年-月-日)	行业
1	DZ/T 0219—2006	滑坡防治工程设计与施工技术规范	2006-09-01	地质
2	T/CAGHP 038—2018	滑坡防治工程施工技术规范(试行)	2018-12-01	地质
3	T/CAGHP 041—2018	崩塌防治工程施工技术规范(试行)	2018-12-01	地质
4	T/CAGHP 061—2019	泥石流防治工程施工技术规范(试行)	2019-09-01	地质
5	DZ/T 0283—2015	地面沉降调查与监测规范	2015-10-01	地质
6	T/CAGHP 058—2019	地面沉降防治工程施工规范(试行)	2019-09-01	地质
7	T/CAGHP 059—2019	采空塌陷防治工程施工规范(试行)	2019-09-01	地质
8	GB 50201—2014	防洪标准	2015-05-01	水利
9	GB 6722—2014	爆破安全规程	2015-07-01	安全
10	GB/T 21141—2007	防沙治沙技术规范	2008-05-01	林业
11	GB/T 15776—2016	造林技术规程	2017-01-01	林业
12	GB 50202—2018	建筑地基基础工程施工质量验收标准	2018-10-01	建筑
13	GB 15618—2018	土壤环境质量 农用地土壤污染风险管控标准(试行)	2018-08-01	土地
14	TD/T 1036—2013	土地复垦质量控制标准	2013-02-01	土地
15	GB 50666—2011	混凝土结构工程施工规范	2012-08-01	建筑
16	GB 50204—2015	混凝土结构工程施工质量验收规范	2015-09-01	建筑
17	GB/T 50107—2010	混凝土强度检验评定标准	2010-12-01	建筑
18	JGJ/T 104—2011	建筑工程冬期施工规程	2011-12-01	建筑
19	JGJ/T 98—2010	砌筑砂浆配合比设计规程	2011-08-01	建筑
20	GB 11607—1989	渔业水质标准	1990-03-01	渔业
21	GB 3838—2002	地表水环境质量标准	2002-06-01	环境
22	DL/T 5148—2012	水工建筑物水泥灌浆施工技术规范	2012-03-01	电力
23	HJ 651—2013	矿山生态环境保护与恢复治理技术规范	2013-07-23	环境
24	GB/T 14848—2017	地下水质量标准	2018-05-01	环境
25	HJ 652—2013	矿山生态环境保护与恢复治理方案(规划) 编制规范(试行)	2013-07-23	环境
26	DB41/T 819—2013	地质公园地质遗迹保护规范	2013-11-05	环境
27	DGJ 08—88—2006	建筑防排烟技术规程	2006-04-01	环境
28	CJJ/T 134—2019	建筑垃圾处理技术标准	2019-11-01	城建

续附录2

序号	标准号	标准名称	实施日期	行业
29	GB 50869—2013	生活垃圾卫生填埋处理技术规范	2014-03-01	环境
30	JGJ 33—2012	建筑机械使用安全技术规程	2012-11-01	建筑
31	GB/T 16453.1—2008	水土保持综合治理 技术规范 坡耕地治理技术	2009-02-01	土地
32	GB/T 50600—2020	渠道防渗衬砌工程技术标准	2021-03-01	水利
33	GB/T 16453.3—2008	水土保持综合治理 技术规范 沟壑治理技术	2009-02-01	水利
34	GB/T 16453.4—2008	水土保持综合治理 技术规范 小型蓄排引水工程	2009-02-01	水利
35	GB/T 50625—2010	机井技术规范	2011-06-01	农业
36	GB 5084—2005	农田灌溉水质标准	2006-11-01	农业
37	JTG F 40—2004	公路沥青路面施工技术规范	2005-01-01	交通
38	JTG/T F 30—2014	公路水泥混凝土路面施工技术细则	2014-04-01	交通
39	GB 50168—2018	电气装置安装工程 电缆线路施工及验收标准	2019-05-01	电力
40	GB 4623—2014	环形混凝土电杆	2015-12-01	建筑
41	JB/T 2171—2016	额定电压0.6/1 kV野外（农用）直埋电缆	2017-04-01	机械
42	SL 289—2003	水土保持治沟骨干工程技术规范（附条文说明）	2004-01-01	水利
43	LY/T 1880—2010	木本植物种子催芽技术	2010-06-01	林业
44	GB/T 38360—2019	裸露坡面植被恢复技术规范	2019-12-31	林业
45	JTJ 319—1999	疏浚工程技术规范（附条文说明）	1999-12-01	交通
46	HJ 2010—2011	膜生物法污水处理工程技术规范	2012-01-01	环境
47	GB 50014—2006	室外排水设计规范（2016年版）	2006-06-01	水利
48	SL 260—2014	堤防工程施工规范	2014-10-16	水利
49	DL/T 5029—2012	火力发电厂建筑装修设计标准	2012-12-01	电力
50	SL 677—2014	水工混凝土施工规范	2015-01-27	水利
51	HJ/T 129—2003	自然保护区管护基础设施建设技术规范	2003-10-01	环境
52	GB 50300—2013	建筑工程施工质量验收统一标准	2014-06-01	建筑
53	GB 50203—2011	砌体结构工程施工质量验收规范	2012-05-01	建筑
54	GB/T 51224—2017	乡村道路工程技术规范	2017-10-01	交通
55	JTG/T F20—2015	公路路面基层施工技术细则	2015-08-01	交通
56	SC/T 9411—2012	水族馆水生哺乳动物饲养水质	2013-03-01	水产
57	SC/T 6032—2007	水族箱安全技术条件	2007-07-01	水产
58	HJ 624—2011	外来物种环境风险评估技术导则	2012-01-01	环境

续附录 2

序号	标准号	标准名称	实施日期	行业
59	NB/T 35054—2015	水电工程过鱼设施设计规范	2015-09-01	能源
60	GB/T 27638—2011	活鱼运输技术规范	2012-04-01	水产
61	JTJ/T 294—2013	高强混凝土强度检测技术规程	2013-12-01	交通
62	SC/T 9401—2010	水生生物增殖放流技术规程	2011-02-01	水产
63	DB11/T 871—2012	鱼类增殖放流技术规范	2012-06-01	水产
64	SL 709—2015	河湖生态保护与修复规划导则	2015-09-02	水利
65	DB44/T 1812—2016	森林公园建设指引	2016-06-07	环境
66	LY/T 1755—2008	国家湿地公园建设规范	2008-12-01	林业
67	DB61/T 989—2015	地质公园建设规范	2016-01-01	环境
68	HJ/T 433—2008	饮用水水源保护区标志技术要求	2008-06-01	环境
69	HJ 773—2015	集中式饮用水水源地规范化建设环境保护技术要求	2016-03-01	环境
70	CJJ 267—2017	动物园设计规范	2017-09-01	城建
71	CJJ/T 300—2019	植物园设计标准	2020-06-01	城建
72	DB41/T 909—2014	太行山区困难造林地造林技术规程	2014-05-26	林业
73	HJ 2015—2012	水污染治理工程技术导则	2012-06-01	环境
74	DB41/T 766—2012	农田防护林营造技术规程	2012-02-18	农业
75	NY/T 2949—2016	高标准农田建设技术规范	2017-04-01	农业
76	NY/T 1237—2006	草原围栏建设技术规程	2007-02-01	农业
77	NY/T 1176—2006	休牧和禁牧技术规程	2006-10-01	农业
78	NY/T 1343—2007	草原划区轮牧技术规程	2007-07-01	农业
79	LY/T 1690—2017	低效林改造技术规程	2018-01-01	林业
80	GB/T 35227—2017	地面气象观测规范 风向和风速	2018-07-01	气象
81	SL 219—2013	水环境监测规范	2014-03-16	水利
82	SC/T 9102—2007	渔业生态环境监测规范	2007-09-01	水产
83	HJ/T 166—2004	土壤环境监测技术规范	2004-12-09	环境
84	GB/T 18337.3—2001	生态公益林建设 技术规程	2001-05-01	林业

续附录2

序号	标准号	标准名称	实施日期	行业
85	NY/T 1342—2007	人工草地建设技术规程	2007-07-01	农业
86	JGJ 180—2009	建筑施工土石方工程安全技术规范	2009-12-01	建筑
87	LYJ 201—1986	林区公路工程施工技术规范	2004-10-23	林业
88	CJJ/T 82—2012	园林绿化工程施工及验收规范	2013-05-01	环境
89	GB/T 50085—2007	喷灌工程技术规范	2007-10-01	环境
90	DB41/T 1420—2017	园林绿化苗木栽植技术规程	2017-10-07	建筑
91	GB 51286—2018	城市道路工程技术规范	2018-09-01	建筑
92	CJJ 1—2008	城市道路工程施工与质量验收规范	2008-09-01	建筑
93	HJ 493—2009	水质采样 样品的保存和管理技术规定	2009-11-01	环境
94	DZ/T 0221—2006	崩塌、滑坡、泥石流监测规范	2006-09-01	地质
95	DZ/T 0133—1995	地下水动态监测规程	1995-07-01	地质
96	DZ/T 0154—2020	地面沉降测量规范	2020-10-01	地质
97	GB/T 12897—2006	国家一、二等水准测量规范	2006-10-01	测绘
98	DZ/T 0287—2015	矿山地质环境监测技术规程	2015-12-01	地质
99	DZ/T 0190—2015	区域环境地质勘查遥感技术规定（1∶50 000）	2015-10-01	地质
100	LY/T 2241—2014	森林生态系统生物多样性监测与评估规范	2014-12-01	林业
101	LY/T 2497—2015	防护林体系生态效益监测技术规程	2016-01-01	林业
102	NY/T 1233—2006	草原资源与生态监测技术规程	2007-12-01	农业
103	DL/T 5308—2013	水电水利工程施工安全监测技术规范	2014-04-01	电力
104	GB 50497—2019	建筑基坑工程监测技术标准	2020-06-01	建筑
105	JGJ 79—2012	建筑地基处理技术规范	2013-06-01	建筑
106	JGJ 120—2012	建筑基坑支护技术规程	2012-10-01	建筑
107	JGJ 162—2008	建筑施工模板安全技术规范	2008-12-01	建筑
108	CECS 55—1993	孔隙水压力测试规程	1993-12-26	环境
109	GB 50231—2009	机械设备安装工程施工及验收通用规范	2009-10-01	机械
110	T/CAGHP 070—2019	地质灾害群测群防监测规范（试行）	2019-09-01	地质

续附录 2

序号	标准号	标准名称	实施日期	行业
111	T/CAGHP 064—2019	地质灾害监测预警信息发布规程(试行)	2019-09-01	地质
112	GB/T 8918—2006	重要用途钢丝绳	2006-09-01	建筑
113	YB/T 5294—2009	一般用途低碳钢丝	2010-06-01	建筑
114	GB/T 700—2006	碳素结构钢	2007-02-01	建筑
115	GB/T 706—2016	热轧型钢	2017-09-01	建筑
116	GB 50330—2013	建筑边坡工程技术规范	2014-06-01	建筑
117	DB22/11—2000	人工挖孔灌注桩施工技术规程	2000-02-01	建筑
118	GB/T 7908—1999	林木种子质量分级	2000-04-04	林业
119	CJ/T 24—2018	园林绿化木本苗	2019-05-01	林业
120	DB11/T 1690—2019	矿山植被生态修复技术规范	2020-04-01	环境
121	DGJ 08—70—2013	建筑物、构筑物拆除规程	2013-08-01	建筑
122	TD/T 1013—2013	土地整治项目验收规程	2013-12-01	环境
123	SL 18—2004	渠道防渗工程技术规范	2005-02-01	水利
124	HJ 25.4—2014	污染场地土壤修复技术导则	2014-07-01	环境
125	CAEPI 1—2015	污染场地修复技术筛选指南	2015-06-01	环境
126	HJ 662—2013	水泥窑协同处置固体废物环境保护技术规范	2014-03-01	环境
127	JB/T 10129—2014	编结网围栏 架设规范	2014-10-01	林业
128	GB/T 28407—2012	农用地质量分等规程	2012-10-01	农业
129	CJJ 27—2012	环境卫生设施设置标准	2013-05-01	环境
130	GB 50268—2008	给水排水管道工程施工验收规范	2009-05-01	水利
131	GB 50141—2008	给水排水构筑物工程施工及验收规范	2009-05-01	水利
132	CJ/T 340—2016	绿化种植土壤	2016-08-01	环境
133	HJ 710.1—2014	生物多样性观测技术导则 陆生维管植物	2015-01-01	环境
134	HJ 710.2—2014	生物多样性观测技术导则 地衣和苔藓	2015-01-01	环境
135	HJ 710.3—2014	生物多样性观测技术导则 陆生哺乳动物	2015-01-01	环境
136	HJ 710.4—2014	生物多样性观测技术导则 鸟类	2015-01-01	环境

续附录2

序号	标准号	标准名称	实施日期	行业
137	HJ 710.5—2014	生物多样性观测技术导则 爬行动物	2015-01-01	环境
138	HJ 710.6—2014	生物多样性观测技术导则 两栖动物	2015-01-01	环境
139	HJ 710.7—2014	生物多样性观测技术导则 内陆水域鱼类	2015-01-01	环境
140	HJ 710.8—2014	生物多样性观测技术导则 淡水底栖大型无脊椎动物	2015-01-01	环境
141	HJ 710.9—2014	生物多样性观测技术导则 蝴蝶	2015-01-01	环境
142	HJ 710.10—2014	生物多样性观测技术导则 大中型土壤动物	2015-01-01	环境
143	HJ 710.11—2014	生物多样性观测技术导则 大型真菌	2015-01-01	环境
144	HJ 710.12—2016	生物多样性观测技术导则 水生维管植物	2016-08-01	环境
145	HJ 710.13—2016	生物多样性观测技术导则 蜜蜂类	2016-08-01	环境
146	DB41/T 1836—2019	矿山地质环境恢复治理工程施工质量验收规范	2019-09-17	环境
147	SL 631—2012	水利水电工程单元工程施工质量验收评定标准-土石方工程	2012-12-19	水利
148	SL 632—2012	水利水电工程单元工程施工质量验收评定标准-混凝土工程	2012-12-19	水利
149	SL 633—2012	水利水电工程单元工程施工质量验收评定标准-地基处理与基础工程	2012-12-19	水利
150	SL 634—2012	水利水电工程单元工程施工质量验收评定标准-堤防工程	2012-12-19	水利
151	DB41/T 1173—2015	生态建设项目水工保持单元工程质量评定 农耕地工程	2016-03-01	农业
152	JGJ 8—2016	建筑变形测量规范	2016-12-01	建筑

附表 A　施工单位报验表

表 A.1　工程开工/复工报审表

工程名称：_____　编号：_____

致：_____（监理单位）

　　我方承担的_____工程,已完成了开工/复工前以下各项准备工作,具备了开工/复工条件,特此申请开工/复工,请核查并签发开工/复工指令。

附:1.开工/复工报告

　　2.证明资料

施工单位(章)_____

项目负责人_____

日期_____年____月____日

审查意见：

监理单位(章)_____

总监理工程师_____

日期_____年____月____日

表 A.2　图纸会审、设计变更、洽商记录

工程名称：_____　　编号：_____

会审地点			会审时间	
会审内容：				
施工单位	技术负责人： 项目负责人： ___年___月___日	监理单位	总监理工程师： ___年___月___日	设计单位	项目负责人： ___年___月___日

表 A.3 施工组织设计(施工方案)报审表

工程名称:_____ 编号:_____

致:_____(监理单位)

我方已根据施工合同的有关规定完成了_____工程施工组织设计(施工方案)的编制,并经我单位技术负责人审查批准,请予以审查。

附:施工组织设计(施工方案)

施工单位(章)_____

项目负责人_____

日期_____年_____月_____日

专业监理工程师意见:

专业监理工程师_____

日期_____年_____月_____日

总监理工程师意见:

监理单位(章)_____

总监理工程师_____

日期_____年_____月_____日

表 A.4 施工组织设计审批表

工程名称：_____ 编号：_____

业主单位：_____		设计单位：_____
施工单位：_____		编制人：_____
		编制日期：_____年_____月_____日

工程部审批	审批意见： 技术负责人：_____ 工程部： _____ _____ _____ _____ _____ _____
公司审批	审批意见： 总工程师：_____ 总师办： _____ _____ _____ _____ _____
说明	
备注	审批手续根据公司对施工组织设计的要求,逐级审批,并在说明栏中指明本施工组织设计审批的范围

表 A.5　工程进度计划报审表

工程名称：_____　编号：_____

致：_____（监理单位）

　　兹报审 _____工程的工程进度计划，请予以审批。

　　附件：

　　1.本工程进度计划的示意图表、说明书

　　2.本工程进度计划完成的工程量

　　3.本工程进度期间投入的人员、材料(包括甲供材)、设备计划

施工单位(章)_____

项目负责人_____

日期_____年_____月_____日

审查意见：

监理单位(章)_____

总/专业监理工程师_____

日期_____年_____月_____日

表 A.6　施工测量报验单

工程名称：_____　编号：_____

致：_____（监理单位）

　　我单位于____年__月__日完成了————————————————————的
测量工作,测量成果符合设计和规范要求,经自检合格,并呈报相应资料(见附件),请予以审查和
验收。

　　附件：工程测量、定位放线记录

施工单位(章)_____

项目负责人_____

日期_____年_____月_____日

审查和验收意见：

监理单位(章)_____

总/专业监理工程师_____

日期_____年_____月_____日

表 A.7 报验申请表

工程名称：＿＿＿＿＿＿＿＿＿＿＿＿＿＿＿＿＿＿＿＿＿＿＿＿＿＿＿＿＿ 编号：＿＿＿＿＿＿

致：＿＿＿＿＿＿＿＿＿＿＿＿＿＿＿＿＿＿＿＿＿＿＿＿＿＿（监理单位）

　　我单位完成的＿＿＿＿＿＿＿＿＿＿＿＿＿＿＿＿＿＿＿＿＿＿＿＿＿＿＿＿＿工作,现上报该工程报验申请表,请予以审查和验收。

附件：

施工单位(章)＿＿＿＿＿＿＿＿＿＿

项目负责人＿＿＿＿＿＿＿＿＿＿＿

日期＿＿＿＿年＿＿＿＿月＿＿＿＿日

审查意见：

监理单位(章)＿＿＿＿＿＿＿＿＿＿

总/专业监理工程师＿＿＿＿＿＿＿

日期＿＿＿＿年＿＿＿＿月＿＿＿＿日

表 A.8　工程计量报审表

工程名称:_____　编号:_____

致:_____(监理单位) 　　兹申报我单位于_____年__月__日完成的_____ 工程(作)合格工程量,请予以核查。 　　附件: 　　1.完成工程量计算书、说明书、竣工图 　　2.工程(设计)变更单   　　　　　　　　　　　　　施工单位(章)_____ 　　　　　　　　　　　　　项目负责人_____ 　　　　　　　　　　　　　日期_____年_____月_____日
核查意见: 　　　　　　　　　　　　　监理单位(章)_____ 　　　　　　　　　　　　　总/专业监理工程师_____ 　　　　　　　　　　　　　日期_____年_____月_____日

表 A.9　工程款支付申请表

工程名称：_____　　编号：_____

致：_____（监理单位）

　　我方已完成了_____工作，按施工合同的规定，建设单位应在 ____ 年 ____ 月 ____ 日前支付该项工程款共（大写）_____（小写：_____），现上报工程付款申请表，请予以审查并开具工程款支付证书。

　　附件：
　　1.工程量清单
　　2.计算方法

施工单位(章)_____

项目负责人_____

日期_____年_____月_____日

表 A.10 工程临时延期申请表

工程名称:＿＿＿＿＿＿＿＿＿＿＿＿＿＿＿＿＿＿＿＿＿＿＿＿＿ 编号:＿＿＿＿＿＿

致:＿＿＿＿＿＿＿＿＿＿＿＿＿＿＿＿＿＿＿＿＿＿＿(监理单位)

　　根据施工合同条款＿＿＿＿＿＿＿＿＿＿＿＿条的规定,由于＿＿＿＿＿＿＿＿＿＿原因,我方申请工期延期,请予以批准。

　　附件:

　　1.工程延期的依据及工期计算

　　合同竣工日期:

　　申请延长竣工日期:

　　2.证明材料

施工单位(章)＿＿＿＿＿＿＿＿＿＿＿

项目负责人＿＿＿＿＿＿＿＿＿＿＿

日期＿＿＿年＿＿＿月＿＿＿日

表 A.11 费用索赔申请表

工程名称:＿＿＿＿＿＿＿＿＿＿＿＿＿＿＿＿＿＿＿＿＿＿＿＿＿＿＿＿＿ 编号:＿＿＿＿＿＿＿

致:＿＿＿＿＿＿＿＿＿＿＿＿＿＿＿＿＿＿＿＿＿＿＿＿＿＿(监理单位)

　　根据施工合同条款＿＿＿＿＿＿＿＿＿条的规定,由于＿＿＿＿＿＿＿＿＿＿＿＿＿＿＿＿＿＿＿＿＿

原因,我方要求索赔金额(大写)＿＿＿＿＿＿＿＿＿＿＿＿＿＿＿＿＿＿＿＿＿＿＿＿＿＿＿＿＿＿

(小写:＿＿＿＿＿＿＿),请予以批准。

　　索赔的详细理由及经过:

　　索赔金额的计算:

　　证明材料:

施工单位(章)＿＿＿＿＿＿＿＿＿＿＿

项目负责人＿＿＿＿＿＿＿＿＿＿＿

日期＿＿＿＿年＿＿＿＿月＿＿＿＿日

表 A.12　**工程材料/构配件/设备报审表**

工程名称：_____　编号：_____

致：_____（监理单位）

我方于_____年___月___日进场的工程材料/构配件/设备如下（见附件）。现将质量证明资料及自检结果报上，拟用于下述部位：

_____

_____

请予以审核。

附件：

1. 品种、规格、数量清单

2. 质量证明资料

3. 自检结果

施工单位(章)_____

项目负责人_____

日期_____年_____月_____日

审查意见：

经检查上述工程材料/构配件/设备，符合/不符合设计资料和规范的要求，准许/不准许进场，同意/不同意使用于拟定部位。

监理单位(章)_____

总/专业监理工程师_____

日期_____年_____月_____日

表 A.13　分部分项工程竣工报验单

工程名称：_____　编号：_____

致：_____（监理单位）
　　我方已按合同要求完成了_____工程（作），
经自检合格，请予以检查和验收。

　　附件：

施工单位（章）_____

项目负责人_____

日期_____年_____月_____日

审查意见：
　　经初步验收，该工程
　　1. 符合/不符合我国现行法律、法规要求；
　　2. 符合/不符合我国现行工程建设标准；
　　3. 符合/不符合设计资料要求；
　　4. 符合/不符合施工合同要求。
　　综上所述，该工程初步验收合格/不合格，可以/不可以组织正式验收。

监理单位（章）_____

总/专业监理工程师_____

日期_____年_____月_____日

表 A.14 工程变更单

工程名称：_____ 编号：_____

致：_____（监理单位）

　　由于_____原因，兹

提出_____工程变更（内容见附件），

请予以审批。

　　　附件：

施工单位（章）_____

项目负责人_____

日期_____年_____月_____日

意见： 　　　　　业主单位代表： 　　　　　签章： 　　　　　_____年_____月_____日	意见： 　　　　　设计单位代表： 　　　　　签章： 　　　　　_____年_____月_____日
意见： 　　　　　监理单位代表： 　　　　　签章： 　　　　　_____年_____月_____日	意见： 　　　　　主管单位代表： 　　　　　签章： 　　　　　_____年_____月_____日

A.15 工程竣工申请报告

工程名称			工程地点			
工程规模			中标价格		承包方式	
实际工期		开工日期	竣工日期		合同编号	

完成工程内容、工程量及质量情况说明	

上述各项工程已施工完毕,现呈上有关资料,请于审核后进行验收,特此报告。

施工单位(章)＿＿＿＿＿＿＿＿＿＿＿

项目负责人＿＿＿＿＿＿＿＿＿＿＿

日　期＿＿＿年＿＿＿月＿＿＿日

审核意见:

监理单位(章)＿＿＿＿＿＿＿＿＿＿＿

总监理工程师(建设单位项目负责人)＿＿＿＿＿＿＿＿

日　期＿＿＿＿年＿＿＿月＿＿＿日

业主单位(章)	设计单位(章)	监理单位(章)
代表:	代表:	代表:
日期:＿＿年＿＿月＿＿日	日期:＿＿年＿＿月＿＿日	日期:＿＿年＿＿月＿＿日

附表 B　施工单位记录表

表 B.1　施工日志

工程名称：＿＿＿＿＿＿＿＿＿＿＿＿＿＿＿＿＿＿＿＿＿＿＿＿＿＿＿＿　编号：＿＿＿＿＿＿＿

天气：	日期：＿＿ 年＿月＿ 日	温度：＿＿ ℃	项目负责人：	记录人：

工程内容：
施工部位：
施工项目：
劳动力安排情况：
工程机械安排情况：
计划完成工作量：
实际完成工作量：
开始工作时间：　　　　　　　　　　　　　　　　　收工时间：

技术、质量：
施工技术、质量执行情况：
存在问题：

安全工作：
施工部位的安全要求：
施工安全执行情况：
存在问题及整改措施：
其他(安全培训、教育、安全交底、安全检查、会议等)：

材料进场：
质量验收情况(包括质量资料)：
材料品种、规格、数量、产地等：

工程资料：
施工原始资料完成情况(包括施工验收记录、影像资料收集等)：
资料报监、签收情况：
工作汇报、资料收发情况等：

表 B.2　工程施工月报

工程名称：＿＿＿＿＿＿＿＿＿＿＿＿＿＿＿＿＿＿＿＿＿＿＿＿＿＿＿＿＿＿＿　　编号：＿＿＿＿＿＿

相关情况登记			
本月日历天		实际工作日	
建设单位通知单		建设单位联系单	
工程暂停令		监理工程师通知单	
监理工程师备忘录		监理工程师联系单	
例会会议纪要		专题会议纪要	

本月工程完成情况：

1.安全生产情况：

2.工程质量情况：

3.完成工程量：

4.工程进度情况：(各工程项目计划进度　　%,实际进度　　%)

5.其他：

　　　　　　　　　　　　　　　　监理单位(章)＿＿＿＿＿＿＿＿＿＿
　　　　　　　　　　　　　　　　总/专业监理工程师＿＿＿＿＿＿＿＿
　　　　　　　　　　　　　　　　日　期＿＿＿＿年＿＿＿月＿＿＿日

存在问题及整改措施：

下月工程施工计划：

注：内容填不下者另加附件,临时变更记录附后。

表 B.3　进场主要机械设备一览表

工程名称：_____　　编号：_____

序号	设备名称	规格型号	数量	进场日期	技术状况	拟用工程项目	备注

注：该表作为表 A.12 工程材料/构配件/设备报审表附件一并上报。

表 B.4　进场主要材料一览表

工程名称：_____　　编号：_____

序号	材料名称	规格	数量	产地或厂家	进场日期	检查日期	使用部位	备注

注：该表作为表 A.12 工程材料/构配件/设备报审表附件一并上报。

表 B.5　进场苗木一览表

工程名称：_____　　编号：_____

序号	苗木名称	数量	单位	规格(mm)			种植部位	备注
				胸径	高度	蓬径		

注：该表作为表 A.12 工程材料/构配件/设备报审表附件一并上报。

表 B.6 技术核定单

第_____页 共_____页   编号：_____

建设单位		设计单位	
工程名称		分项部位	
施工单位		工程编号	
项次	核定内容		

主送或抄送单位	会　签	签　发

记录人：   日期：

表 B.7　工程质量一般事故报告表

工程名称:_____　　　　　　　　编号:_____

分部分项工程名称				事故性质		
部　　　位				发生日期		
事故情况						
事故原因						
事故处理						
返工损失		事故工程量			合计	元
	事故费用	材料费(元)				
		人工费(元)				
		其他费用(元)				
		耽误工作日				
备注						

质量负责人:　　　　　　　　　　　　　　　　　　　　　　填表日期:

表 B.8 资料接收(发放)登记表

工程名称：_____ 编号：_____

序号	日期	资料名称	标题内容	发往单位	接收人	备注

登记人：

表 B.9 绿化种植计划表

工程名称：_____ 编号：_____

序号	苗木名称	规格(mm)			数量	种植部位	计划种植开始时间	计划种植结束时间	实施人
		胸径	高度	蓬径					

申报人： 申报日期：

附表 C　工程质量保证书

×××××生态保护修复工程
施工质量保证书

施工单位全称

年　　月

工程(全称)质量保证书

建设单位:_____　　施工单位:_____

勘查单位:_____　　监理单位:_____

设计单位:_____　　使用年限:_____

建设单位、施工单位根据《中华人民共和国建筑法》《建设工程质量管理条例》,经协商一致,就_____工程(全称)签订质量保证书。

第一条　质量保证标准

1.施工单位执行国家有关工程建设的法律法规,履行施工单位的质量责任和义务,确保工程施工质量达到设计要求和建设工程施工质量验收规范的标准。

2.工程所有的各种材料、构配件、设备、辅材、动植物等严格执行相关规范(规程)的规定,质量符合施工要求。

3.各分部(分项)工程质量均按设计施工,满足设计要求,工程质量符合相关专业质量验收规范的规定,并且安全可靠。

第二条　工程质量保修范围及内容

施工单位在质量保修期内,按照有关法律、法规、规章的管理规定和双方约定,承担本工程质量保修责任。

质量保修范围包括本工程施工范围内的全部内容,以及双方约定的其他项目。具体保修内容,双方约定如下表所示:

维护内容	维护范围	维护期	备注
护坡工程			
覆土工程			
挡土墙工程			
锚杆(索)工程			
抗滑桩工程			
灌浆工程			
防护网工程			
拦渣坝工程			
道路工程			
排水工程			
平整工程			
灌溉工程			
机电设备工程			

续表

维护内容	维护范围	维护期	备注
给水工程			
堤防工程			
护岸工程			
防风固沙工程			
绿化工程			
生物工程			
人工湿地			
生态浮岛			
砾石床			
污水治理工程			
污染土壤修复工程			
土壤改良工程			
生物多样性保护工程			
湿地保护工程			
生态廊道工程			
生态监测工程			
⋮			

第三条　质量保修期

质量保修期从工程实际竣工验收之日算起。分单项竣工验收的工程,从总工程验收合格之日起计算质量保修期。各单项工程的保修期详见上表。

第四条　质量保修责任

1. 属于保修范围、内容的项目,施工单位应当在接到保修通知之日起 7 天内派人保修。施工单位不在约定期限内派人保修的,建设单位可以委托他人修理,费用由施工单位负责。

2. 发生紧急抢修事故的,施工单位在接到建设单位发出的事故通知后,应当在最短的时间内到达事故现场抢修。

3. 对于涉及结构安全的质量问题,应当按照相关的规定,立即向当地相关行政主管部门报告,采取安全防范措施;由原设计单位或者具有相应资质等级的设计单位提出保修方案,施工单位实施保修。

4. 由于勘查、设计单位的失误,建设单位使用不当,不可抗力,第三方责任等造成的质量问题不在保修范围内。

5. 质量保修完成后,由建设单位组织验收。

第五条　质量保证条款明细

依据各分部(分项)工程特点及实际情况,由建设单位和施工单位约定明细的质量保证条款。具体如下:

_____

_____

_____

_____

_____

_____

_____

_____

第六条　保修费用

保修费用由造成质量缺陷的责任方承担。

建设单位(盖章):　　　　　　　施工单位(盖章):

法定代表人:　　　　　　　　　　法定代表人:

　　　　　　　　　　　　　　　　　年　　月　　日